諸葛孔明の兵法

守屋　洋　訳・編著

三笠書房

まえがき

『孫子』をはじめとする中国の兵法書が、依然として、根強い人気をもっているらしい。とくに、ビジネスの第一線で活躍している経営者や管理職のあいだで広く読まれているという。

兵法書であるからには、そこに述べられているのは、戦争の戦略、戦術であることは言うまでもない。しかし、中国の兵法書の特徴は、たんなる戦争技術の書ではないという点にある。かりにそれだけのものであれば、今日なお、これだけ広い読者層に支持されているわけはない。

中国の兵法書に一貫して流れているのは、人間そのものに対する鋭い洞察であり、分析である。その意味では、人間存在の内奥に根ざした「兵法」なのである。

だから、そこに展開されている戦略・戦術は、きわめて幅の広いものであって、経営戦略の書としても、人間関係の書としても、あるいはまた、処世指南の書としても、そっくりそのまま通用する密度と広がりをもっている。

そういう点では、本書も、『孫子』以下の古典的な兵法書の伝統を受け継いでいるといってよい。

収録されている内容は、戦争技術の戦略、戦術論を超えて、現代の管理職が必要に迫られている「組織のあり方」「リーダーシップ」「人間関係の築き方」「人間の見抜き方」……といった広範な領域に及ぶ。まさしく、仕事や人生のあらゆる場面で参考になる珠玉のメッセージが満載である。

あとで述べるように、諸葛孔明は蜀漢（しょっかん）を興した劉備（りゅうび）の軍師として、内政と軍事の両面にわたって活躍した人物である。彼の著作は、古い歴史書によると、全部で十万四千字余りもあったといわれるが、時代とともに、そのほとんどが散逸し本書のテキストとなった『諸葛亮集』は後の人があらためて編集したものである。しかし本書では、そういう事実関係の考証はあまり重視しなかったことをことわっておきたい。

なによりも本書が、波高き社会の第一線で健闘している人々の、実践的な指針の書として読まれることを願っている。

守屋 洋

もくじ

第1章

諸葛孔明の生涯とその兵法

裏陽の臥竜はいかにして「三国志」最強の軍師となったか

第2章

将苑〔兵法論・将帥論〕

孔明流、すぐれた組織とリーダーシップ

便宜（べんぎ）十六策〔兵法論・政治論〕

勝ちにこだわるリーダーの戦略実行・人事・賞罰

出師の表

名文に彩られた孔明覚悟の「遺書」

地図作製：高橋明香（おかっぱ製作所）

◆本書は4章から構成されるが、うち第1章のみは書き下ろし、第2章以下は翻訳を主体としている。

◆第2章以下は『諸葛亮集』(北京・中華書局、一九七四年版)を底本とした。なお、この書の出版説明によれば、さらにその原本となったのは清の張澍編『諸葛忠武侯文集』であるという。

◆第2章の「将苑」は全訳で項目の配列も底本のままであるが、第3章の「便宜十六策」は部分訳で配列も若干変えてある。

◆第2章、第3章の見出し、および小見出しはすべて訳者が付した。元のそれは読み下し文の末尾に「　」で示しておいた。

◆注は最少とし、ほかに蛇足ともおぼしき解説をつけたのは、この種の書になじみの薄い読者への配慮である。博学の士は目をつぶっていただきたい。

第1章

諸葛孔明の生涯とその兵法

襄陽の臥竜はいかにして「三国志」最強の軍師となったか

〈略伝〉諸葛孔明（紀元一八一～二三四年）名は亮、おくりなを忠武または武侯ともいう。瑯邪郡陽都に生まれる。早く父母と死別し、長じて荊州は襄陽郊外の隆中に草廬をかまえ、晴耕雨読の生活に入った。二〇七年、劉備に「三顧の礼」をもって招かれて「天下三分の計」を説き、その軍師となり、以後「水魚の交わり」を結んだ。

二〇八年、「赤壁の戦い」で勝利した劉備が荊州を領有するや軍師中郎将に任じられ、くだって二一四年、劉備が巴蜀の地を平定するにおよんで軍師将軍、二二一年、蜀漢が建国されるや丞相に任じられて国政をとりしきり、劉備の死後も二代目禅を輔けて国の経営にあたった。二二七年、劉禅に「出師の表」をたてまつって北伐の軍をおこし、計四回、関中の地に打って出たが、二三四年、志半ばにして、五丈原で陣没した。

悲劇の丞相——諸葛孔明の実像に迫る

日本のことわざに、「三人寄れば文殊の知恵」というのがある。中国のことわざでこれに近いものをさがすとすれば、さしづめ「三個（サンゴ）　臭皮匠（チヨウビージヤン）　頂個（テインゴ）　諸葛亮（ジユコリヤン）」ということになろう。直訳すれば、「平々凡々たる靴屋でも、三人集まれば、諸葛亮のような知恵を出すことができる」という意味である。

このことわざからも知られるように、中国人にとっての諸葛孔明（しよかつこうめい）（名は亮（りよう）、紀元一八一～二三四年）とは、まさに知恵の権化（ごんげ）のような人物であった。かつてそうであったし、現在も多分そうであろう。古来、もっとも民衆の支持を集めてきた人気スターの一人が、この諸葛孔明なのである。

日本でも、この事情は基本的に変わらない。中国の歴史上の人物のなかで、おそらく彼は、秦の始皇帝あたりと同じ程度の知名度をもっていたように思われる。

比較的、中国の古典や歴史にうとくなっている現代の日本人でも、たとえば「三顧の礼」、「水魚の交わり」、「空城の計」、「泣いて馬謖を斬る」、「死せる孔明、生ける仲達を走らす」、「出師の表」といったことばの一つや二つは知っているかもしれない。じつはこれらのことばは、いずれも諸葛孔明と関係のあることばなのだ。このような慣用表現をとりあげてみても、彼の人気スターぶりがうかがえるではないか。

さて、彼の人気の秘密はいったいどこにあったのか。

それには次のような原因が考えられる。

諸葛孔明の活躍した時代は西暦三世紀の前半であるが、この時代の中国は、二百年近く続いた後漢王朝が内政の乱れによって崩壊し、「群雄割拠」の時代にはいっていた。そしてやがて「乱世の姦雄」と称された曹操が大きく勢力を伸ばして時代をリードし、その子・曹丕のときに、実力で皇帝の座を奪い、魏王朝を建国するにいたる。

この曹操・曹丕の覇業に待ったをかけて立ちふさがったのが、漢王朝の正統を名乗った蜀漢の劉備と揚子江南方の新興勢力・呉の孫権である。だから魏は、黄河流域をおさえ、もっとも強大な勢力を誇ってはいたものの、中国全土を支配する統一王朝ではなく、西に蜀漢、南に呉というそれぞれに皇帝を名乗る油断のならぬ対抗勢力をかかえていた。この局面を「三国鼎立」と呼ぶ。「三国鼎立」の演出者が劉備の軍師で、のちに蜀漢の丞相として魏の打倒に腐心した諸葛孔明である。

後漢王朝の流れをくむ正統王朝は、魏か蜀漢か

さて、この「三国鼎立」の局面は約五十年ほど続き、二六三年、蜀漢が魏によって滅ぼされ、ついで二八〇年、呉が魏のあとを継いだ晋に滅ぼされて終止符をうつのであるが、ここで問題になるのは、魏、蜀漢、呉の三国のうち後漢王朝の正統を継ぐのはどの王朝なのかということだ。

実績からいえば、明らかに曹操・曹丕の興した魏に軍配があがる。魏は、漢民族の伝統的な文化圏である黄河流域（中原）を支配下におさめ、国力も他の二国とは比較にならぬほど強大であった。しかも、曹丕が皇帝の座を手に入れるにあたっては後漢王朝最後の皇帝である献帝の譲りを受けている。

これに対し、蜀漢の劉備は、前漢景帝の子孫と称し、漢王朝の正統を主張するもの

の、確かな信憑性となると問題がないわけではない。その位置した地域も中原からはほど遠い辺地で、国力も魏に比べると、わずか五分の一にすぎない。

呉はどうか。もともとここは漢民族の文化圏から遠くはなれているし、それに自ら正統性を主張してもいないから問題外である。

結局、魏の実績を評価するか、蜀漢の正統性の主張を認めるかということになる。前者の見方を代表しているのは、この時代の正史である『三国志』(晋の陳寿著)であり、それに、周から五代までの歴史を編年体でまとめた『資治通鑑』(宋の司馬光著)もこの見解をとっている。

ところが、これには有名な反対論が起こった。

その皮切りとなったのが宋代の儒者朱熹の見解で、彼は、その著とされる『資治通鑑綱目』において、蜀漢こそ正統王朝であると認定した。これは後世の学者、知識人の考え方に大きな影響を及ぼすにいたった。

しかし、これらの史書にもまして、蜀漢、つまり劉備——諸葛孔明の側を正統とするイメージを大衆レベルで定着させたのは、講談や戯曲などの大衆芸能だった。宋代の文豪蘇軾が友人からの伝聞として、こんな話を紹介している。

「町家では、腕白どもの始末に困ると、銭をやって講談を聞かせにやる。話が三国のことに及び、劉備が負けたと聞くと、顔をしかめ、涙を流す者までいる。曹操が負けたと聞くと喜びはしゃぐ」

宋代からすでに、曹操＝悪玉、劉備・諸葛孔明＝善玉とするイメージができあがっていたことがわかる。

劉備・孔明＝善玉イメージを決定づけた大衆文化

このイメージを決定的なものにしたのは、明代に書かれた大衆小説『三国志演義』（羅貫中著）の影響である。この小説は、正史の『三国志』にもとづいて一応史実を追ってはいるが、前記の講談や戯曲の影響を色濃く受け、蜀漢を正統王朝とし、曹操を臣下の分際で主家を簒奪した極悪非道の悪玉に仕立てあげた。

したがって劉備は王朝の正統な後継者、そして諸葛孔明はその劉備を輔けて智謀のかぎりをつくし、憎っくき悪玉曹操を苦しめる無二の忠臣として描かれる。

さらには、京劇のような伝統演劇においても、曹操はきまって悪役の隈（くま）取りをした敵役として現れるのである。

こうして、講談、演劇、大衆小説を通して、曹操＝悪玉、劉備・諸葛孔明＝善玉といったイメージが、一般民衆だけではなく、知識人の世界にまで浸透していった。

諸葛孔明は劉備亡きあとまで、凡庸な二代目禅（ぜん）を輔（たす）けて、魏を打倒するために粉骨砕身するのであるが、結局、志半ばにして陣没する。かくて悲劇の英雄に対する人気はいやがうえにも高まるという仕組みになっている。つまり、諸葛孔明に対する人気は、判官びいきの心情によって、いっそう増幅されてきたといえよう。

では、素顔の諸葛孔明とは、どんな政治家だったのか。増幅されたベールをはぎとって、その実像に近づいてみよう。

曹操と劉備――タイプの異なる二人の英雄

劉備が「三顧の礼」をもって孔明をその草廬に訪れたのは西暦紀元二〇七年（建安十二年）のことである。

このころ、天下の情勢はどう動いていたのであろうか。また劉備や孔明は、そのなかでどのような境遇におかれていたのであろうか。

二世紀末、黄巾の乱、董卓の乱とあいつぐ戦乱によって招来された群雄割拠の局面も、ようやく一本の線にしぼられようとしていた。その台風の目となったのが「乱世の姦雄」と称された曹操である。戦乱のなかでめきめきと頭角を現した彼は、山東半島のつけ根のところにあたる兗州に拠って自立し、二〇〇年には北方の冀・青・幽・幷四州を領有する袁紹に天下分け目の決戦をいどんで、もののみごとにこれを打ち負かし（官渡の戦い）、その勢力をゆるぎないものとした。

その後彼は人材の招致をはかり、兵を養い内政の充実に努めながら、北方になお残存していた袁紹の勢力、これと結んでいた烏桓族の略定にあたっていたが、二〇七年ごろまでにほとんどこれを制圧し、広大な領域を支配下におさめて、天下統一への野望に燃えていた。残る対抗勢力はといえば、荊州の劉表、江南の孫権、益州の劉璋を数えるだけである。曹操の当たるべからざる勢いをもってすれば、天下統一の実現はもはや時間の問題かと思われるような情況であった。時に曹操は五十三歳、一代の英雄もようやく老境を迎えようとしていた。

蜂起から二十有余年、翻弄され続ける劉備

これに対し、劉備の境遇はどうだったのであろうか。黄巾の乱のとき（一八四年）、関羽、張飛らを引き連れて幽州の「義兵」（州郡単位の義勇軍）に参加すべく故郷の涿県をあとにしてから、すでに二十有余年の歳月が流れていた。

群雄割拠の局面のなかで、徐州の牧（長官）という地位を手に入れ、天下にその人ありと知られるまでになったが、しょせん力不足のためその地位を維持することがで

きない。以後劉備は、そっちについたり、こっちについたり、浮き沈みの連続だった。一時は曹操の庇護を求めてその幕下に参じたこともあったが、ふとした事件がきっかけとなって、曹操に反旗を翻し、今は荊州の劉表のもとに身を寄せている。

曹操と袂を分かつきっかけになった事件というのは、曹操の暗殺計画に巻き込まれそうになったのだ。曹操は庇護を求めて自分の懐にとびこんできたかつての敵・劉備を賓客として厚く遇した。献帝に推薦して左将軍に任じてやったりもした。そういう劉備のところへ、ある日、献帝の側近で董承という者が人目を忍んで訪れてきた。

彼は、懐から一通の書状をとり出した。献帝の密詔だという。あけてみると「曹操討つべし」としたためてある。こうして劉備は、曹操打倒の盟主にかつがれてしまった。劉備はなにくわぬ顔で曹操の幕下にとどまっていた。曹操も心を許しているように見えたが、じつは、彼は反対派の計画をすでに察知していた。

埋められぬ曹操との差

ある日、曹操は劉備を招いて酒をくみかわしながら、「今、天下の英雄は貴公とこのわしだけじゃ。袁紹ごときは問題にならん」と言ってカラカラと笑った。

劉備は思わず持っていた箸をポトリと落とした。その瞬間、轟然たる雷鳴がとどろき、劉備は、とっさに「お恥ずかしい。わたしはどうも雷が苦手なものでして」と雷にかこつけて、その場をとりつくろったという。

『三国志』にも記載されているこの逸話からみるかぎり、曹操と劉備とでは人間のスケールが一ケタくらい違っていたように思われるのであるが、どうだろうか。

こうして劉備は曹操に反旗を翻したものの、逆に激しく攻めたてられて身の置きどころに窮し、荊州の劉表をたよって落ちのびてきたのである。

劉表はそんな劉備を快く迎え入れ、小城とはいえ物産豊かな新野の県城を与えてこれをまかせた。二〇一年のことである。以来六年、劉備は鳴かず飛ばずの境遇に「髀肉の嘆」をかこっていた。年もはや四十七歳になんなんとし、人生の峠を越えようとしている。だが、現実は居候同然の身、日の出の勢いにある好敵手曹操と比べると雲泥の違いだ。

そんな劉備に、明確な将来の構想をさし示し進むべき道を与えたのが、白面の青年諸葛孔明だったのである。

三顧の礼――襄陽の臥竜、ついに歴史の表舞台へ

諸葛孔明は一八一年、瑯邪郡陽都に生まれた。黄巾の乱に先立つこと四年、時代はすでに乱世の様相を呈しはじめていた。先祖は、前漢の末に司隷校尉（警視総監）を務めた諸葛豊だといわれるから、まずは名門の出といってよい。

父の珪は太山郡の丞（副長官）に任じられたというが、それ以外のことはなにもわかっていない。しかし、諸葛家の息子たちはみな出来がよかったようだ。孔明の兄瑾は後に呉の孫権に仕えて大将軍宛陵侯にまで出世しているし、弟の均も、孔明とともに蜀に仕えて長水校尉（長水地区司令官）にまで栄達した。また、一人いた姉も龐という名門の家に嫁している。

だが、孔明の少年時代は、家庭的にはかならずしも恵まれていなかった。というの

は、母は均を産んで間もなく死亡し、父の珪も孔明が十四歳のころ世を去っている。父を失った孔明は、弟の均とともに叔父の諸葛玄のもとに引き取られていった。

叔父の玄に連れられて荊州に移った孔明は、やがてその叔父にも先立たれ、やむなく襄陽郊外の隆中というところに草廬をかまえて晴耕雨読の生活に入った。すでに身の丈八尺（一八四センチ）の偉丈夫に成長していた。そのころのことと思われるが、『三国志』によれば、十代の終わりごろ、彼は石韜、徐庶、孟建といった友人たちと遊学したことがあるという。遊学先はわからない。ただ、そこでの彼の勉強ぶりははなはだユニークなものであったらしい。

学友の三人は、いずれも経書の一字一句の解釈に熱中したが、孔明はそんな学友たちの勉強ぶりを横にみながら、ひとり大略をみるにとどめた。ある日、四人で閑談したとき、孔明は三人に向かって、「きみたちの勉強ぶりをもってすれば、将来、刺史か郡守あたりにはなれるぞ」と語った。「では、きみはどうなんだ」と三人が切り返したところ、孔明は笑って答えなかったという。このあたり、すでにして大器の片鱗をうかがわせるものがある。

学成って襄陽に帰った孔明は、また晴耕雨読の生活にもどった。すぐれた友人たちと交わり、研鑽を怠らない。風雲急を告げる天下の形勢を望みながら、つねに自らを管仲（かんちゅう）、楽毅（がっき）（戦国時代の名将）になぞらえて、ひそかに期するところがあった。

運命を変えた、徐庶の推挙

そんな孔明を劉備に推薦したのは親友の徐庶（じょしょ）だった。徐庶はすでに劉備の幕下に迎えられていたが、ある日、折を見てこうきり出した。

「わたしの友人に諸葛孔明というものがおります。たとえて言えば、地に潜む臥竜（がりょう）のような人物。どうでしょう。一度お会いになってみては」

「ぜひ会ってみたい。一緒に連れてきてはもらえまいか」

「いや、それはなりません。あれほどの人物に会われるからには、将軍自ら駕（が）を曲げて、こちらからたずねて行くべきでしょう」

こうして劉備は三度孔明の草廬を訪れ、三度目にようやく会うことができたのである（三顧の礼）。

天下三分の計――暗夜に光明を灯す献策

劉備は孔明に会うや、人を遠ざけて衷情を吐露した。

「ご承知のように漢室の勢威が衰え、姦臣が権力を壟断し、おそれおおくも天子は都落ちされて難を避ける始末。不肖このわたしは憤りのあまり、おのれの力をもかえりみず、大義を明らかにせんがために力を傾けてまいりましたが、いかんせん未熟者のこととて、武運つたなく、今日にいたっております。しかしながら、大義を明らかにせんとする志だけは、いささかも衰えてはいません。どうか先生、今後の進むべき道をお示しください」

孔明が答えた。

「董卓が乱をなして以来、各州各郡に群雄が並び起こりましたが、そのなかから頭角を現してきたのが曹操です。曹操は袁紹に比べると、知名度、兵力ともに劣っていま

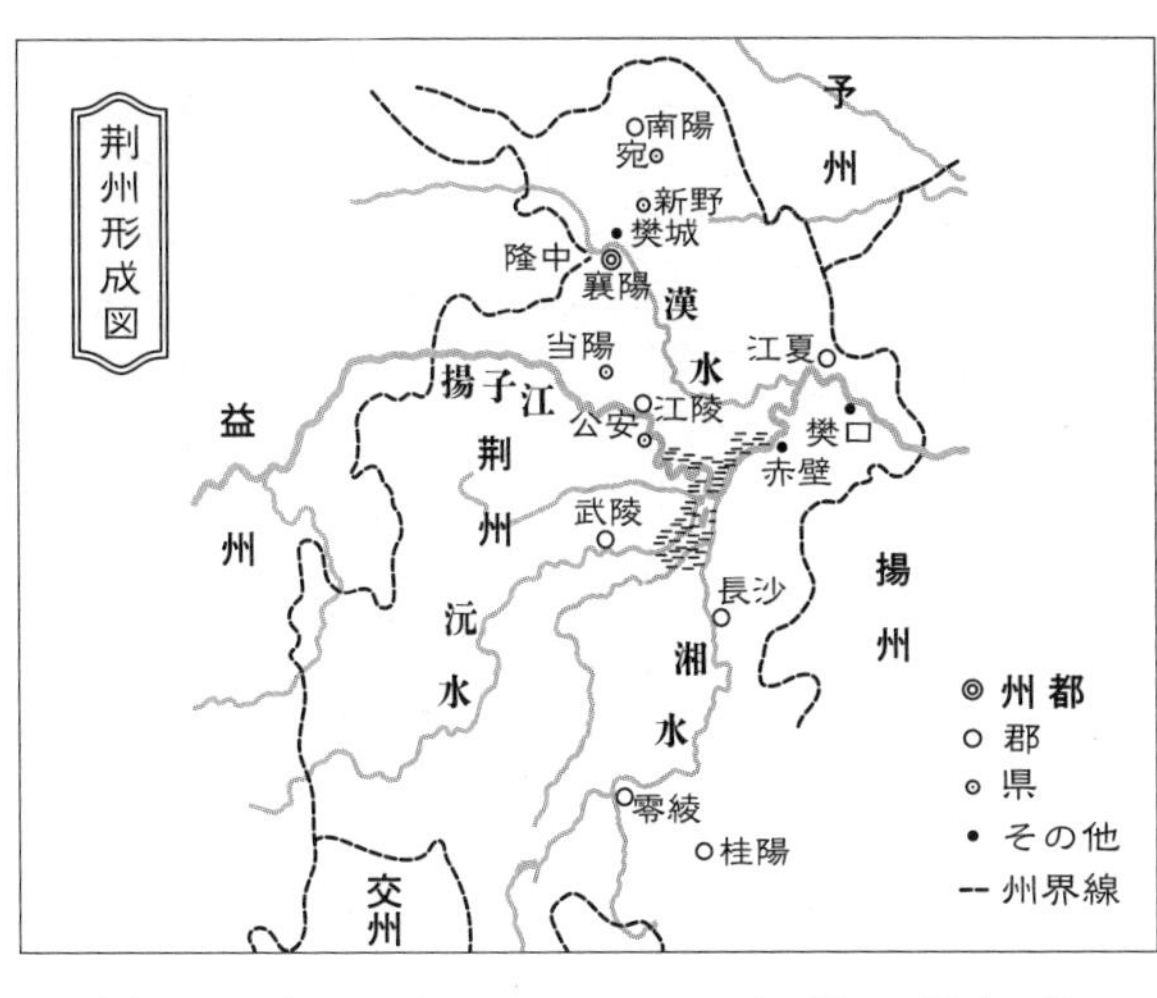

したが、ついに袁紹を打ち破って北方の覇者にのしあがりました。その理由は、天の時が幸いしただけではありません。帷幄（いあく）の謀（はかりごと）もよろしきを得たからであります。今、曹操は百万の大軍を擁し、天子を抱きこみ、天子の名において諸侯に号令しています。その勢いたるや、まさに当たるべからざるものがあります。

一方、江東の地に拠る孫権はどうでしょうか。すでに三代を重ね、国土は険固で守りやすく、人民もよくなついています。臣下にも賢能の士が多く、孫権をもりたてています。これこそあなたにとっては恰好の同盟国といえましょう。まちがっても孫権を攻め滅ぼそうなどと考えてはなりません。

さて、ここ荊州の地はどうでしょうか。北は漢（沔）水をもって守りとし、南は南海に面し、東は呉、会稽に通じ、西は巴蜀に接し、天下をうかがうには、またとない地点に位置しています。

しかしながら、今、この地を治める劉表どのはいささか覇気に乏しく、この地を守り切ることはできますまい。ということは、荊州こそはまさしく天があなたに賜ったものだと申せましょう。いかがです、そうは思われませんか」

「西の方、益州（四川）に目を転じてみましょう。かの地は四方を山に囲まれ、容易に敵の侵攻を許さないばかりか、中央部は沃野千里、まさに天然の豊庫と申せます。かつて漢の高祖も、かの地に拠って天下統一の大業を成しとげました。

ところが現領主の劉璋は、愚かなうえに腰抜け、北に張魯という盗賊がはびこっていても、討ち平らげることさえできません。国庫に十分な余裕があるはずなのに、人民に恩恵を与えようともしません。それで、かの地の心ある者どもは劉璋を見限り、あらたに盟主を迎えたいと願っています。

ところであなたは皇室の血を引かれ、信義の篤さにかけても誰知らぬ者がありません。よい部下に恵まれ、しかもなお賢者を得たいと願っておられる。

そこでわたしの策ですが、まず、荆、益の両州を領有して国境を固め、西方と南方の異民族を手なずけ、呉の孫権と連盟し、国政をととのえる。そうしておいて、いずれ天下に変乱が生じたとき、そのときこそ上将に命じて荆州の軍を率いて宛、洛の攻略に向かわせ、あなた自身は益州の軍を率いて秦川に打って出る。諸国の人民はかならずやあなたを喜び迎えるでありましょう。

この策を採用なされば、天下統一の大業も漢王朝の復興も可能でありますこれが有名な「天下三分の計」といわれる献策である。

軍師孔明との「水魚の交わり」

これを聞いて劉備はおそらく愁眉を開く思いがしたにちがいない。なぜなら、このころ北方の平定を終えた曹操が百万と呼号する大軍をもって南下の勢いを見せていたからである。

劉備は信義の上から言って、あまり頼りにならない劉表とともにこれを迎え撃たねばならぬ。だが、まともに戦っては百に一つの勝ち目もない。

そんなときに、当面の問題はともかくとして確かな将来への展望を聞くことができた。劉備としては暗夜に光明を見出す思いがしたであろう。

ちなみに、これは劉備四十七歳、孔明二十七歳のときのことである。

劉備はさっそく孔明を軍師として迎え入れ、日ましに信頼を深めていった。それを見て、不満を鳴らしたのが、宿将の関羽、張飛である。捨ておけば彼らの不満が爆発しかねない。ある日、劉備は二人を呼び、こう言ってなだめた。

「孤（わたし）の孔明あるは、なお魚の水あるがごとし。願わくは諸君また言うなかれ」

以後、二人は不満を鳴らすのをやめたという。これが「水魚の交わり」の語源であるが、このことは、劉備がいかに深く孔明に傾倒するにいたったかを物語っている。

これからあと、劉備の経略はあげて、このとき孔明が献策した「天下三分の計」の路線にそって進められていく。そういう路線を二十七歳にして提示しえた孔明は、やはり先見性に富んだ政治家であったと言わなければならない。

赤壁の戦い――孔明が描いた「三国鼎立」への第一歩

「天下三分の計」は、劉表のもとで「髀肉の嘆」をかこっていた劉備にとって、願ってもない戦略方針であったが、これを大きく実現に近づけたのは、二〇八年、曹操軍と劉備・孫権連合軍とのあいだで戦われた「赤壁の戦い」である。

この戦いで手痛い大敗を喫した曹操は、事実上、天下統一の野望をあきらめざるをえなかったし、孫権は江東の領土を安泰にし、劉備は荊州を手に入れて「三国鼎立」への第一歩を踏み出すことができた。結果的にいちばん得をしたのは劉備ということになるかもしれない。

そこで、古来、中国の戦史の上でもっとも有名な戦いの一つである「赤壁の戦い」で、孔明の果たした役割について、かいつまんで触れておこう。

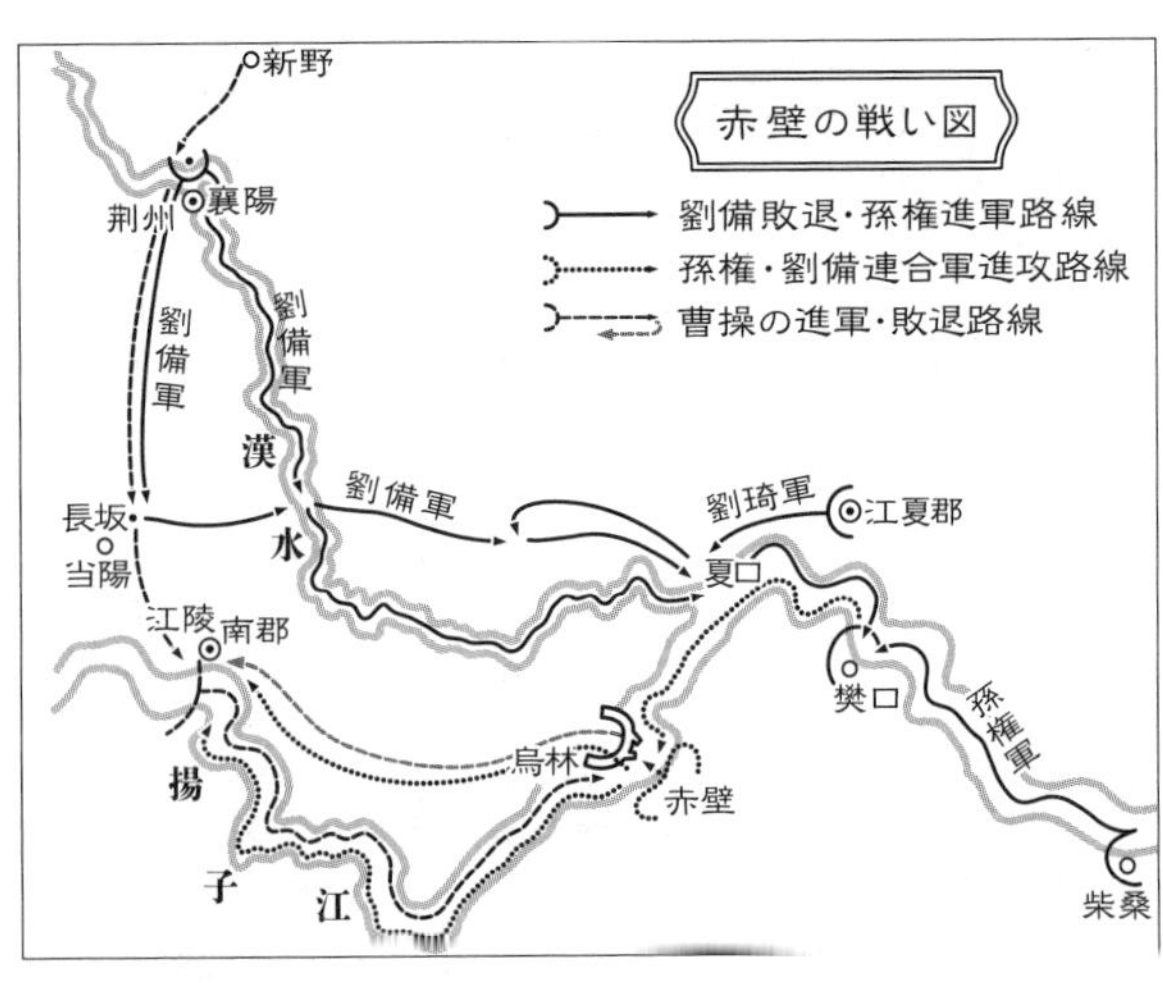

二〇八年、北方の平定を完了し、丞相に任じられて一段と重きを加えた曹操は、いよいよ南征の軍を起こした。その数、百万、めざすは荊州の劉表、劉備、そして江東の孫権である。

そのころ荊州では劉表が病死し、その次子琮が後を継いでいたが、破竹の勢いで南下する曹操の大軍に恐れをなし、戦わずに降服した。

樊城を固めていた劉備の軍は、肝心の劉琮に背かれて壊滅し、命からがら東南の夏口（今の漢口）へと撤退した。曹操の軍はなだれをうって南下し、揚子江流域の江陵をおさえた。

さて、夏口に追いつめられ、瀬戸際に立たされた劉備にとって、もはや恃む相手といえば孫権しかいない。そのころ、孫権は柴桑まで軍を進めて、形勢を観望していた。しかし、孫権にとっても荊州の陥落は人ごととは思えないはずである。なぜなら、荊州が落ちれば、呉もまた直接曹操の圧力を受けることになるからだ。

劉備が頽勢を立てなおして曹操に対抗するには、なんとかこの孫権を動かす以外に道がなかった。孔明がその使者の役を買って出た。

「事急なり。請う。命を奉じて救いを孫将軍に求めん」

孔明は劉備の期待を一身に背負って、柴桑に陣する孫権のもとに向かった。このとき、孫権は二十六歳、孔明より二つも若い青年武将である。孔明は逆手に出て、若い孫権の自尊心をくすぐった。

「天下の大乱にさいし、将軍は兵を起こして江東を領有し、わが君劉備も漢南の地に旗挙げして曹操と天下を争いました。ところが今、曹操は群雄をなぎ倒して天下を平定し、余勢をかって荊州を攻略、勢威は四海にとどろいています。群雄は足下にひれ伏し、劉備もまた追いつめられて苦境に立たされています。

将軍におかれては、どうかご自分の力を勘案されて事態に対処してほしい。もし、呉越の軍を率いて曹操に対抗されるつもりなら一刻も早く戦闘態勢をとられるがよい。もしまた勝利おぼつかなしと判断されるなら、いさぎよく武器を捨てて降服されるがよい。道は二つに一つ、これ以外にありません。

ところが将軍は、うわべは屈服したように見せかけておきながら、内心ではどうしたものかと、いまだに決めかねておられる。事態は一刻の猶予もなりません。今、決断されなければ、日ならずして最悪の事態を招きましょうぞ」

孔明の挑発に乗せられる孫権

ゲタをあずけられて孫権が反問した。

「おっしゃるとおりなら、なぜ劉備どのこそ降服されなかったのか」

「田横の話をご存じでしょう。彼は一介の壮士にすぎなかったが、それでも節義に殉じました。ましてわが君劉備は王室の血を受け、その英邁なる資質によって人民から敬慕されております。なんでむざむざ曹操ごときに降服しましょうや」

この挑発に、若い孫権の心は激しくつき動かされた。

「余には全呉、十万の軍がついている。他人の支配など受けとうはない。腹を決めたぞ。されど劉備どのが敗れた今、そなたになんぞよい策でもあるのか」

孔明はここぞとばかり弁じたてた。

「わが軍はたしかに長坂の戦いで曹操にしてやられましたが、今鋭意その再編成を行っています。それに関羽の率いる軍の精鋭一万が無傷で残っているほか、江夏からはせ参じた劉琦どの（劉表の長子）の軍も一万をくだりません。

一方、曹操の軍は長途の行軍で疲れきっています。聞けば、曹軍の軽騎はわが軍を追撃するため、一昼夜に三百余里もつっ走ってきたとか、これこそまさに『強弩の末、魯縞（魯に産する薄絹）も穿つあたわず』で、もはや、なにほどの力も残されておりません。兵法書でも、こんな敵に対しては『かならず上将軍をも倒すことができる』と言っています。

しかも、北方の軍は水戦にはいたって不馴れであります。また荊州の人民も、曹操の力に屈しているだけで、けっして心服しているわけではありません。

今将軍が猛将に命じ兵数万を率いさせ、劉備と力を合わせて戦えば、かならずや曹操を打ち破ることができます。曹操は敗れればかならず北に引き揚げます。そうすれば荊・呉の勢いは強大となり、曹操と鼎立の形成ができあがりましょう。その成否は、まさに今、この時の決断にかかっているのですぞ」

かくて孫権の腹は決まった。宿将周瑜(しゅうゆ)に命じ、水軍三万を率いて出陣させた。周瑜は夏口で劉備の軍と合流したうえ、揚子江をさかのぼって赤壁で曹操の軍と相対し、部将黄蓋(こうがい)の献策による火攻めの計で、もののみごとにこの大敵を打ち破った。北岸をうずめつくした曹操の大艦隊は、折から吹き起こる突風にあおられて赤々と燃えあがり、多くの将兵とともに、揚子江の藻屑と消え去ったのである。

実働以上の利を得た劉備軍

この火攻めにさいし、孔明がどんな働きをしたのか、史書にはなんの記載もない。巷説によれば、七星壇をつくって天を祭り、風を吹き起こさせたことになっているが、もとよりこれはお話にすぎない。たぶん劉備の本営にあって、静かに戦況を見守っていたのではあるまいか。この戦いにおける彼の役割は、孫権を説得して周瑜の水軍を出動させたところで、基本的に終わっていたのである。

赤壁での勝利はあくまでも周瑜（孫権）の水軍によってもたらされたもので、劉備軍はさしみのつまにすぎなかった。だが、この勝利によって劉備の得た利益は、はかり知れないほど大きいものがあった。荊州南部に確固たる地盤を得て、「天下三分の計」の実現に向かって、その第一歩を踏み出すことができたからである。

孔明はこのとき、軍師中郎将というポストに任命され、零陵（れいりょう）、桂陽（けいよう）、長沙（ちょうさ）三郡の政治をまかされた。

蜀漢の建国――丞相・孔明の誕生

劉備が孔明の献策した「天下三分の計」を実現させ、「三国鼎立」の局面をもちこむことができたのは、二一四年に事実上巴蜀の地を支配下におさめたときであり、そしてそれを名実ともに完成させたのが、二二一年の蜀漢の建国である。

荊州南部に足がかりをつくってから、巴蜀の領有までは五年、蜀漢の建国までは十二年をついやしたわけだ。そして二年後の二二三年、劉備は呉との戦いに出陣中、病を得て、後事を孔明に託してこの世を去る。孔明の八面六臂の活躍が始まるのは、じつはこれから後のことである。そこで、荊州南部の領有から劉備の死にいたるまでの十四年間の流れを、孔明の動きを中心にたどってみよう。

二〇九年、荊州南部を手に入れて一息ついたものの、劉備の勢力はまだまだ不安定

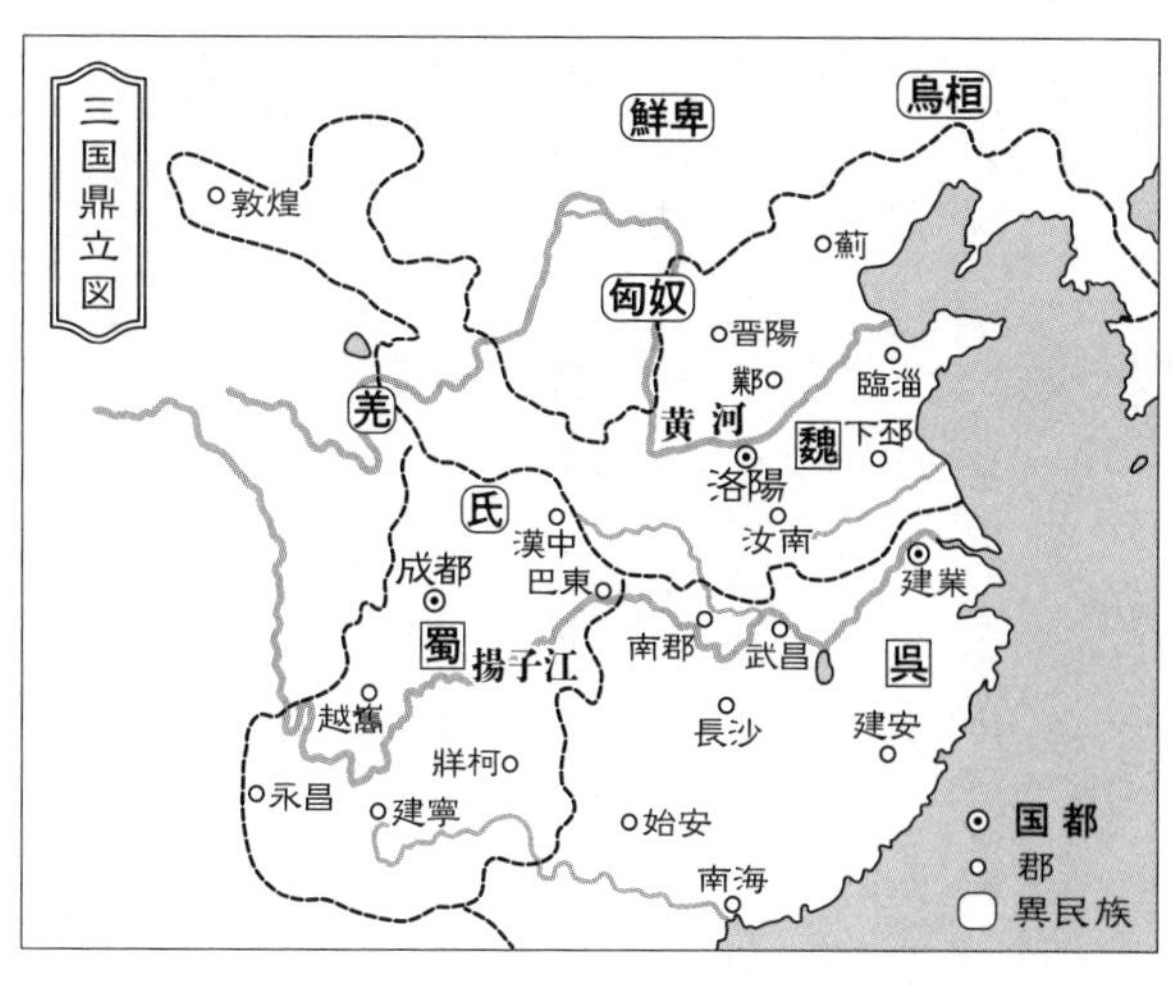

なものだった。北部には依然として曹操の圧力が加わってくるし、東からは赤壁の勝利に気をよくした孫権が荊州全域の領有を主張してくいさがってくる。事実このあと、荊州の領有権をめぐって、劉備と孫権とのあいだに睨み合い、こぜり合いが続いていく。

　そんな劉備に、やがて大きな転機が訪れる。益州の牧（長官）として事実上巴蜀の地を領有していた劉璋から援軍の要請があったのだ。劉備は渡りに舟とこの要請に応じ、自ら軍を率いておもむき、劉璋を助けるどころか、逆にこれを攻撃する。

　益州内部には凡庸な劉璋に見切りをつけ

て、劉備を支援する者も少なくないが、そう簡単には平定できない。

最初、孔明はじめ関羽、張飛、趙雲ら主だった武将は荊州にとどまったが、やがて、関羽ひとりを残して全員が巴蜀の攻略に参加する。

そして二一四年、ついに益州の首都成都を陥れて、巴蜀の制圧に成功した。孔明はこのとき、軍師将軍に任じられている。これは事実上の宰相職で、軍事だけではなく内政全体を総括するポストであった。

挙兵以来の盟友、関羽を失う

劉備はさらに二一九年には、漢中の地をも支配下にいれ、巴蜀全域を手中におさめたが、この同じ年に荊州の地を失っている。もともと荊州の地は領有権をめぐって孫権とのあいだに紛争が絶えなかったところである。

二一五年に、一度はこの地を二分割する協定が成立して小康状態を保ったが、それも長く続かない。なにしろ荊州は劉備、孫権、曹操三つの勢力が入りまじっているところである。場合によってはそれが緩衝地帯ともなりうるが、時には熱い紛争の発火点ともなりうる。この地を維持するには、武力だけではなく高度な政治折衝が必要とされた。

ところがこの地を守っていたのは関羽である。関羽はこと力戦にかけては名うての勇者だったが、政治、外交のかけひきには、いたって弱かった。孫権が裏で曹操と手を握ったことにも気づかぬうかつぶりで、両軍にはさみ撃ちにされ、ついに孫権の軍に捕らえられて斬殺された。荊州の地もまた孫権の領有に帰した。

こうして劉備は、挙兵以来の盟友関羽を失ったうえ、反攻の拠点・荊州まで失って、悲しみと打撃に打ちひしがれたのである。

漢王朝の流れをくむ「蜀漢」建国へ

ついで二二〇年、ライバル曹操が世を去った。六十六歳である。その子曹丕が後を継いで魏王となった。この年、曹丕は献帝の譲りを受けて皇帝の位につき、魏王朝を樹てた。

翌二二一年、劉備も群臣の推薦を受けて成都で即位した。漢室の正統を受け継ぐという意味で、国号を漢と定めた。一般には先の漢王朝と区別する意味もあって、蜀漢とも季漢とも呼ばれている。孔明はこのとき丞相に任命された。

蜀漢建国後、劉備がまず考えたのは盟友関羽の仇を討って荆州を奪いかえすことだった。しかし、これには重臣のなかでも反対する者が多かった。たとえば趙雲である。「国賊は曹氏であって孫権ではありません。まず魏を討って天下の信を得ることが先決、私の怨みを先にすべきではありません」と諫める。孔明も表だって反対はしていないが、趙雲と同意見だった。

しかし、劉備は聞かず、東征を強行する。

『三国志』の著者陳寿「蜀書先主伝」のなかで劉備の人物を「弘毅寛厚にして、人を知り士を待つ」も「機権幹略は魏武（曹操）に逮ばず」と評しているが、よく彼の真実を言い当てているように思われる。

彼はしょせん寛仁の君子であっても「術数」にたけた政治家ではなかった。「情」の人ではあっても、「理」の人ではなかった。そのへんが逆に孔明らを彼のために粉骨砕身せしめた魅力の源泉なのであるが、高度な政治的決断を下す場合には往々にして致命的な欠陥ともなりかねない。

彼はいかにも「情」の人らしく、盟友関羽の仇を討ちたい一心で東征を敢行する。

張飛を失った悲しみを抱えて出陣

そんな劉備にまたしても悲報がもたらされる。

巴西（はせい）の地を守っていたもう一人の盟友張飛が殺されたという。

張飛は直情径行型の武将で、部下を非常に可愛がったが、駄目な人間は徹底的にしごいた。そのため部下の恨みを買って暗殺されたのである。


劉備はあらたな悲しみに包まれて出発した。はじめ劉備の軍は荊州深く進攻した。呉軍の抵抗はまったくなかった。しかしこれは呉軍の将陸遜（りくそん）のとった作戦であった。陸遜は劉備の軍の兵站（へいたん）線の伸びきったところを一気にたたき、火攻めの計を用いてさんざんに打ち破った。劉備は命からがら白帝城まで逃げ帰った。そしてそのまま病床につき、成都に帰ることなく白帝城の行営（こうえい）で世を去った。

時に二二三年四月、六十三年の生涯であった。

後事を託された孔明の覚悟

劉備は死に先だち、成都から駆けつけてきた丞相の孔明を呼び寄せて後事を託した。

「そなたの才能は曹丕の十倍はある。かならずや国を安んじ漢室の再興をなしとげてくれるものと信じている。もしわが子禅が輔けるに値する男なら、どうかこれを輔けてほしい。もしそれほどの価値もないと思うなら、そなたが代わって位につき、全権をふるってほしい」

孔明は泣きながらこう答えたという。

「臣、あえて股肱の力を尽くし、忠貞の節を致し、これに継ぐに死をもってせん」

劉備はまたわが子禅に、こう教え諭したという。

「汝、丞相とともに事に従い、これに事うること父のごとくせよ」

城を攻めずに心を攻める――「心服」に勝るものなし

蜀漢の二代目を継いだ禅は、父・劉備の案じたとおりあまりにも凡庸であったが、唯一の取り柄といえば父の遺言どおり、あげて孔明の指示に従ったことである。それだけにずっしりと重い責任が孔明の肩にのしかかってくる。

「政事は巨細となく、みな亮に決す」(『三国志』)とあるように、孔明は身命を賭して重い負託に応えようとした。

劉備亡きあと、孔明に課せられた最大の課題は魏を倒して漢室の再興をなしとげることである。しかし、そのためには解決しておかなければならない問題が二つあった。一つは呉との紛争、もう一つは、南方異民族の反乱である。

魏と戦うための足場固め

そもそも呉と同盟して魏に対抗するという政治戦略は、孔明の長年の夢であったと言っていい。すなわち、彼は二〇七年、襄陽の草廬ではじめて劉備にまみえたときに献策した「天下三分の計」のなかでそのことを強調し、その翌年には、自ら買って出て呉に使いし、同盟関係を実現させている。

しかし、その後の両国の関係は、孔明の期待したとおりには発展しなかった。それどころか、関羽の敗死、劉備の敗走を契機として、最悪の情況にたちいたっていた。今、北に軍を進めて魏を討つには、なんとしても呉との同盟関係を復活し、東西から魏を挟撃する態勢をつくりあげなければならない。

孔明は劉備の亡くなったその年のうちに、大臣の鄧芝（とうし）を呉に派遣し、両国の関係改善に乗り出した。鄧芝は翌二二四年にも再度呉を訪れ、二度にわたる折衝の結果、両国の提携が実現した。

もう一つの南方異民族の平定には、一二五年、孔明自ら兵を率いて出陣した。

もともと中国の西南部にあたる山また山のこの地域には、西南夷と総称される少数民族が住んでいた。いわば未開拓地域で、「夜郎自大」（『漢書』）ということばが生まれてきたことからも知られるように、文化程度も低かった。

蜀漢は建国以来、越巂、益州、永昌、牂柯等の諸郡をおいて、この地域を統治してきた。魏、呉両国と比べて国力の劣る蜀漢にとっては、この地域の物産資源がなんと言っても大きな魅力だったのである。そのため、統治において、厳しすぎる点があったのかもしれない。

はたせるかな、劉備の死を契機として、この地域に反乱が勃発した。

その中心となったのは、雍闓という酋長で、彼は益州太守の正昂を殺して気勢をあげ、各地の酋長に檄をとばした。たとえば、雍闓が孟獲という実力者酋長に送った檄文の内容は、次のようなものであったという。

「このたび蜀漢政府はわれらに対し胸毛の黒い烏狗三百頭、瑪瑙三斗、長さ三丈の断木三千本を納入せよと要求してきた。もしこの要求に応じなければ死刑に処すとのことである。もっていかんとなす」

断木というのは、けっして二丈以上には成長しなかったといわれるから、どだい無理な要求であったわけだ。このような檄文がかならずしも事実と符合しない宣伝文句を書きつらねていたことは想像にかたくないが、しかし、蜀漢政府の統治に不満を抱いてきた西南夷の人々は、雍闓の要請に応えて、続々と反乱の兵を挙げ、反乱運動は西南部全域にひろがる勢いをみせた。しかも、その後ろでは呉が糸をひいている。対処の仕方を誤ると、いよいよとんでもない事態に発展しかねない。そこで、孔明自らの出陣となったわけである。

孔明も西南夷の扱いには苦慮したにちがいない。力ずくで押さえこむことはやさしいが、なにしろ本番ともいうべき魏との対決を目前にひかえている。兵力の損耗は避けたいところだ。できることなら、彼らを心服させ、協力関係をとりつけて後顧の憂いを断たなければならない。

孔明はかねてから馬謖（ばしょく）という参謀将校に目をかけていた。馬謖はこのたびの南征には参加しなかったが、出陣する孔明一行を数十里先まで見送ってきた。そこで孔明は馬謖を呼び寄せて彼の意見をただした。

孔明と馬謖の見解が一致した「用兵の道」

「どうかね、そなたとはこれまで長いこと西南夷対策について意見をたたかわせてきたが、今こうして軍を進めるにあたって、よい策でもないか」

馬謖が答えるには、

「彼らは土地の険阻なることを恃みとして、長いこと服属しようとしませんでした。今日これを撃破したとしても、明日にはまた反旗を翻しましょう。

丞相は、いずれわが国の総力を結集して北伐を敢行し、魏と雌雄を決しようとお考えになっています。そうなれば、本国は空っぽになってしまいます。彼らがそれを知れば、またすぐにも反乱の兵を挙げましょう。

むろん、彼らを皆殺しにすれば禍根を断つことができますが、しかしそれは仁者のなすべきことではありませんし、それに、時間もかかりましょう。

そもそも用兵の道は、心を攻めるを上策とし、城を攻めるを下策とします。心と心を戦わすべきであって、兵と兵を戦わすべきではありません。なにとぞ、彼らを心服させるよう心掛けていただきたい」

孔明は馬謖の進言に大きく肯いた。馬謖のことばをまつまでもなく、すでに孔明は南征作戦の基本を「心を攻める」ところにおいていたのである。

「七縦 七擒」——七度許して敵将を心服させる

孔明の率いる蜀漢軍は、二二五年五月、濾水を渡り、三方面から、西南夷の本拠益州に迫った。すでに反乱軍の首謀者雍闓は仲間割れから暗殺され、これに代わって孟獲が反乱軍の指揮をとっていた。孔明は全軍に布告した。

「孟獲を殺してはならぬ。生け捕りにせよ」

激戦のすえ、孟獲は捕らえられて孔明のまえに引きすえられた。すると孔明は先に立って陣営のなかをくまなく案内し、

「どうかな、わが軍の陣立ては」

と感想を求めた。孟獲が答えるには、

「先ほどは、こちらの陣立てを知らなかったので不覚をとった。こうして見せてもら

ったからには、こんどやるときはかならず勝ってみせる」

孔明は笑いながら言った。

「これは面白い。よし、この者を放してやれ」

こうして孟獲は七たび放たれ七たび捕えられた（ちなみにこの故事から、「七縦七擒」ということばが生まれた）。

七回目に捕まったときは、さすがの孟獲も、心底から「参った」と思ったにちがいない。孔明がまたもや縄目を解いて許してやろうとしたところ、彼は、

「あなたさまはまことに神様のようなお方です、もう二度と背くようなことはいたしません」

と誓ったという。

反乱平定後の統治についても、孔明は、「皆その渠率に即きてこれを用う」（『三国志』）とあるように、反乱軍の首謀者（渠率）たちを官吏に登用するという現地主義を採用した。遠征軍もすべて本国に撤退させている。これらの措置が現地人に対する人心収攬術であったことはいうまでもないが、もちろん、そればかりではない。

ある者が、なぜ現地人を任用し、軍隊まで撤退させるのかと訊いたところ、孔明はこう答えたという。

「よそ者を官吏に任命すれば、それにともなって軍も駐屯させておかなければならない。軍を駐屯させれば、軍糧の補給も必要となろう。それに、こんどの戦いで大勢の現地人が死傷している。よそ者を任命するのはいいが、軍を駐留させて彼らの安全を保証しなければ、不測の事態が発生する恐れがある」

西南夷に対しては、できるだけ効率的な統治を心がけ、国力のすべてを結集して、来るべき対魏作戦に振り向けようとした配慮がくみとれるのである。

こうして南方を平定して後顧の憂いを断った孔明は、その年の秋七月、成都に凱旋し、いよいよ北伐の準備にとりかかった。

治世は大徳をもってすべし——みな畏(おそ)れてこれを愛す

かくていよいよ「北伐」の開始となる。だが、そのまえに政治家としての孔明について、つまり丞相(じょうしょう)として彼がどのような政治を行ったかについて述べておこう。

彼が丞相に任じられたのは蜀漢建国の二二一年のことであるが、事実上、内政面の総括責任者になったのは、劉備が蜀漢を領有するにいたった二一四年からである。以来、五丈原(ごじょうげん)で陣没する二三四年まで、通算二十年間、蜀漢の政治を担当した。

『三国志』の著者陳寿(ちんじゅ)は、孔明の治世を評してこう語っている。

「忠を尽くし時に益する者は讎(しゅう)(敵)といえどもかならず賞す。法を犯し怠慢なる者は親(しん)といえどもかならず罰す。罪に服し情を輸(つく)す者は重しといえどもかならず釈(ゆる)す。辞を游(もてあそ)び飾に巧(たく)みなる者は軽しといえどもかならず戮(りく)す。善は微(び)なりといえども賞せざるなく、悪は纖なりといえども貶しめざるなし。……ついに邦域の内、みな畏れてこれを愛す。刑政、峻なりといえども怨む者なきはその心を用いること平らかにして勧戒明らかなるをもってなり」

この信賞必罰の法家路線の採用は、次のエピソードによっても知ることができる。

あまりにも厳格に法を適用するのを見かねた法正という重臣が、

「昔、漢の高祖は関中に入ったとき『法は三章のみ』と布告して、秦の暴政に苦しんでいた人々に歓呼して迎えられました。あなたがたも先ごろこの土地に入ってきたばかりで、まだ十分な恩恵を与えていません。ここは一つ刑罰を緩め禁止条項を撤廃して人民の期待に応えてはいかがですか」

と勧めたところ、孔明はこう答えたという。

「残念ながら、あなたは一を知って二を知らない。秦は無道な苛政によって人民の怨みを買い天下を失った。だから高祖は寛大な政治を布いて人民の心をつかむことができた。ところが劉璋は、恩恵を加えるでもなく刑罰を正すでもなく、いたずらに中途半端な姿勢で政治に臨んだので、臣下の専横を招き、結局は国を失ってしまったのだ。

そこでわたしは罪あるものには法をもって臨み、功あるものには爵位を与えるのである。今、わが国の政治に望まれているのはこれであると思う」

また、劉備亡きあとのことであるが、彼は政治の要諦についてこうも語っている。

「治世は大徳をもってすべきで小恵をもってしてはならない。前漢の名相匡衡や後漢の功臣呉漢が大赦を欲しなかったのはそのためである。先帝劉備も『わたしは陳紀、鄭玄といった大先生から政治の要諦について教えを受けたが、先生方は赦については一度も口にされなかった』と語っておられた。劉焉・劉璋父子のごときは、毎年のように大赦令を出したが、なに一つ政治に益するところがなかった」

民に怨嗟の声なし

このように信賞必罰、厳しく法を執行したところに彼の政治の特徴を見ることができるのであるが、それでいて「民に怨声なし」と称されたのは、その執行ぶりが公平無私であったからにほかならない。そのあたりの機微について、孔明の下で政治に参画した張裔という者がこう語っている。

「公（孔明）、賞は遠きを遺さず、罰は近きに阿らず、爵は功なきをもって取るべからず、刑は貴勢をもって免れるべからず。これ賢愚の皆その身を忘るるゆえんなり」

彼はまた寝食を忘れて政務に打ちこんだ。こまかい帳簿の類にまでいちいち目を通さずにはおられなかった。政治を総攬する立場にある丞相としてはどうかと思われるような細部にまで気を配った。これは彼の性格によるのであろうが、しかしまた重い責任感がそこまで彼を駆り立てていたとも見ることができる。

あまりの精励ぶりに、見かねた部下の楊顒という者がこう忠告したと史書にある。

「古人も『坐して道を論ず、これを王公という。作ちてこれを行う、これを士大夫という』と語っています。昔、丞相丙吉は道に横たわる死人のことは気にもとめず、道を行く牛の喘ぎを心配したといいますし、左丞相の陳平は帝から国庫の収支を問われたとき、そんな数字は知らない、担当者にまかせてあると答えたといいます。彼らはよく宰相としての職分を心得ていたといえましょう。

ところがあなたは帳簿の類までいちいちご自分でお調べになっています。お疲れになりませんか」（『資治通鑑』）。

丞相たるもの、大所高所から見ていればそれでよいではないかという意見である。もとより孔明もこの道理を知らないわけではない。しかし、小国の丞相として短時間のうちに大国魏を打倒するという重い責任を課せられている彼には、丙吉や陳平のように、悠長に構えている余裕はなかったのである。

丞相としての彼の私生活も簡素をきわめたものであったらしい。かつて劉禅に次のように上表したことがあった。

「臣は成都に桑八百株、薄田十五頃を持っています。これで子弟の衣食には事欠きません。このほかに蓄財して陛下の負託にそむくようなことはしておりません」

孔明の死後、遺族の者が調べてみたら、はたしてそのことばのとおり桑八百株と薄田十五頃以外には、なに一つ財産らしいものはなかったという。

孔明は、劉備の遺詔の実現のため、ひたすら挺身した。そこに、誠実で清冽をきわめた一人の政治家の姿を見ることができる。陳寿はこのような孔明を評して、「治を識るの良才、管、蕭の亜匹なり」と高い評価を与えている。管とは斉の宰相管仲、蕭とは漢の相国蕭何、亜匹とは彼らに比肩するという意味である。

空城の計――孔明の手堅さを物語るフィクション!?

さて、二二七年、諸般の作戦準備をととのえた孔明は、いよいよ蜀漢の総力を結集して北伐の途につく。このとき主君の劉禅にたてまつったのが、有名な「出師の表」（269ページ参照）である。のちに提出されたとされる「後・出師の表」と区別するため、とくにこれを「前・出師の表」と呼ぶこともある。

「先帝、業を創めていまだ半ばならざるに中道にして崩殂したまえり。今、天下三分し、益州疲敝せり。これ誠に危急存亡の秋なり」ではじまるこの「出師の表」には、出陣にのぞんだ孔明の並々ならぬ決意のほどが示されている。

一発長打は悪手、手堅い用兵に勝る策なし

さて、成都を出発した六万余の蜀漢軍は漢中の陽平関のあたりに集結して春を待っ

た。そのころ、軍議の席で、進攻ルートをどこに求めるかが問題になっている。席上、蜀漢きっての猛将とうたわれた魏延は、こう主張したという。

「長安を守っている魏の夏侯楙は曹操の娘婿だが、まだ小僧っ子で、勇気も智謀もない男だと聞いている。どうかわしに五千の精鋭と五千の輜重部隊をおかしくだされい。ただちに褒中から出撃して秦嶺沿いに東に進み、子午鎮を押さえて北方し、十日足らずで長安をついてみせますぞ。夏侯楙はこのわしが来たときいただけで、風をくらって逃げ出すにちがいない。さすれば長安には御史や京兆太守のような文官だけが残ることになり、軍糧の調達にも事欠きますまい。魏が軍勢をかきあつめて反撃してくるまでには、たっぷり二十日はかかる。その間に、孔明殿は斜谷を越えて進撃して来られれば、ゆうゆうと長安に入城できるでしょう。こうすれば一挙に長安以西の地を略定できますぞ」

この策は一発長打をねらった勝負手であるといってよい。よくいえば乾坤一擲、わるくいえば一か八かの、そんな戦術である。すべての面で劣勢な蜀漢側にとっては、たしかに面白い策であったことはまちがいない。しかし、この策は孔明の採用するところとはならなかった。孔明から見ると、こういう勝負手は冒険以外のなにものでもないのである。

孔明の用兵は、いわば定石をはずさない手堅い用兵である。一か八かの勝負手ではなく、一〇〇パーセントの安全勝ちをねらうのである。

彼はこのときも、魏延の策を却下して、あとで述べるような西方からの迂回作戦を採用した。これなら、比較的敵の手薄なところを衝いていくのだから、勝利する確率はきわめて高い。かりに敗れても、深手を負わずにすむし、すぐまた陣容を立てなおすことができる。野球でいえば、バントで送って、ヒットで得点しようという手堅い戦法である。

このような戦法は、魏延のような猛将から見ると、はがゆかったにちがいない。彼はあとあとまで孔明を「怯(きよう)(臆病)」といって批判していたという。

鬼神も及ばぬ妙計

もう一つ、このころ、『三国志』には、「郭沖(かくちゆう)三事(さんじ)」からの引用として、次のような話が注記されている。この話については、注を付した裴松之自身も「みな虚なり」と評し、事実に反することを認めているのであるが、のちに小説『三国志演義』がこの注をもとにして話をふくらまし、そこから「空城の計」という有名な逸話が生まれた。また、この話は京劇等の伝統演劇においても、名場面の一つとして人口に膾炙し、孔明と言えば、この「空城の計」といったぐあいに広く知られるようになった。

もとになった「郭沖三事」の話というのはこうである。

孔明は魏延に軍の主力をさずけて東に向かわせ、自分は残りの兵とともに陽平関に駐屯していた。そこへ、魏の司馬仲達が二十万の大軍を率いて攻め寄せてきた。多勢に無勢、万に一つの勝ち目もない。魏延の軍を呼びもどそうにも、急場のこととて、間に合いそうにもない。城内の将兵は色を失った。

が、孔明はひとり泰然自若とかまえ、旗指物をおろし、四方の城門をあけはなち、ちり一つ残さぬよう掃き清めるように命じた。

一方の仲達は、孔明が石橋をたたいて渡るような用心深い男であることを承知している。ところが、今攻め寄せてみると、城内はひっそりと静まりかえっているではないか。「さては伏兵がいるにちがいない」、彼はそう判断をして兵を退いた。あとで、それが孔明の計略であると知った仲達は、地団駄を踏んでくやしがったという。

もとより事実無根のつくり話であることはすでに述べたとおりである。これが『三国志演義』では、時も場面も設定が変えられ、時は馬謖が街亭で敗戦したあと、場面は西城でのこととされ、話の内容もずいぶんとふくらまされている。

街亭で一敗地に塗れ、孔明が全軍に撤退を指示したあたりから引用してみよう。

――孔明は、自ら五千騎を率いて西城の県城へ撤退し、糧秣の運び出しにかかった。そこへ早馬がひきもきらず、「仲達が十五万の軍勢を率い、西城めがけて押し寄せてきますぞ」と知らせてくる。

そのとき、孔明のまわりは文官ばかりで、将軍はひとりもいない。五千の兵士もすでに半分は糧秣の運び出しで出はらっていて、城内にはわずか二千五百の兵しかいない。まわりの文官はこの知らせを聞いて、みな顔色を変えた。

孔明が城壁にのぼって眺めると、はたして、魏軍がもうもうたる砂塵をあげながら

二手に分かれて殺到してくる。孔明はただちに、

「旗指物をおろせ。全員、物見台にあがって持ち場につけ。よいか、かってに歩き回ってはならんぞ。大声を出す者は斬って捨てる！」

こう触れると、四方の城門をあけさせ、各門ごとにそれぞれ二十人の兵士に領民の身なりをして道を掃いているように命じ、

「わたしに考えがある。よいか、魏兵が押し寄せてきても、騒ぎたててはならんぞ」

と言い含めた。孔明自身は、鶴氅（鶴の羽毛でつくった衣）をまとい綸巾（青糸で織った布）をかぶって道士のいでたちになり、琴を手に、童子ふたりを伴って城楼にあがり、敵を前にしてのんびりと香をたき琴を弾じはじめた。


さて、仲達軍の先遣部隊が城下にはいってきたが、これを見るとあわてて馬をとめ、急ぎ仲達に知らせた。はじめ仲達は笑ってとりあわなかったが、やがて全軍に停止を命じ、自ら馬を駆って、様子をさぐりにきた。遙かに眺めると、孔明は城楼の上で顔に笑みをうかべながら、香をたき琴を弾じている。その左右には童子がひかえ、左側の童子は宝剣をささげ、右側の童子は払子を手にしている。また、城門のあたりに目

をやれば、二十人あまりの領民どもが、なにごともないかのように、せっせと道を掃き清めている。

「これはおかしいぞ」

不審を抱いた仲達は、本営に駆けもどるや、来たときとは逆に、後詰めの部隊を先頭になおして、北の山あいの道に後退させた。側から次男の司馬昭が、

「お父上、孔明は城内が手薄なので、わざとあんなことをやっているのではございますまいか。むざむざ兵を退くのは、いかがかと思われますが」

すると、仲達は、

「いやいや、孔明はもともと慎重な人物で、これまでいちどとして危険をおかしたことがない。今、あのように城門をあけはなっているのは、伏兵がいる証拠じゃ。攻め寄せれば、彼の術中に陥るは知れたこと。おまえごときの知ったことではないわい。ここは一刻も早く退かねばならんのじゃ」

かくて仲達の軍は潮の引くように退いて行く。それを見ると、孔明は手をたたいて笑った。城内の将兵が唖然としながら、

「名将の誉れ高い仲達が十五万もの精鋭を率いて押し寄せてきたのに、丞相殿の姿を見ただけであわてて兵を退くとは、いったい、どうしたわけなのですか」

と、訊くと、孔明が答えるには、

「彼は、わしがいつも用心深く、危険をおかす男ではないと思っているから、さきほどの姿を見て、伏兵を疑い、それで兵を退いたのだ。わしとて好んで危険をおかしたわけではない。万やむをえずああしたまでのことじゃ」

「鬼神も及ばぬ妙計、まことにおそれいってございます。これがそれがしどもでしたら、城を捨てて逃げ出すところでした」

一同の者はあらためて孔明の智謀に感嘆した。

これが『三国志演義』の「空城の計」に関する記述である。もとよりお話にすぎないが、しかし、この記述によっても、孔明本来の用兵が、けっして危険をおかさない、安全第一主義のものであったらしいことがうかがわれるのである。

泣いて馬謖を斬る――軍律を乱して、どうして敵に勝てようか

話を史実にもどそう。

魏延の策を冒険にすぎるとして退けた孔明は、二二八年春、いよいよ全軍に進攻を命じた。まず、軍を二手に分け、趙雲（ちょううん）、鄧芝（とうし）の二将に命じて箕谷（きこく）に布陣させ、斜谷（やこく）から郿（び）に向かう構えをとらせた。

しかしこれは孔明苦心の陽動作戦だった。孔明の率いる本隊は迂回して祁山（きざん）に向かった。祁山は長安を背後から襲う交通軍事上の要衝である。孔明はまたたくまにこれを制圧し、勢いに乗って南安、天水、安定の三郡を平定した。

あわてたのは魏だ。魏は劉備亡きあとの蜀漢の力を過小評価し、よもや打って出てくることはあるまいとたかをくくっていた。明帝（魏の三代目）は急遽張部（ちょうこう）に兵五万を与えてこれを迎え撃たせた。張部は渭水（いすい）の上流に軍を進め、街亭（がいてい）で蜀漢軍の先鋒部

隊と遭遇した。

このとき、蜀漢軍の先鋒部隊の指揮官に任ぜられていたのが馬謖（ばしょく）である。が、馬謖の起用は孔明の大きな失敗だった。彼は、兵法書をよく読んでおり、先の南征のときのように、ある意味で、気のきいたことを口にするが、その本質は「才器人に過ぎ、好んで軍計を論ず」（『三国志』）とあるように、書生タイプの軍論家にすぎなかった。しかし、なぜか孔明は非常に高く彼を評価していた。その才気あふれる弁舌を買っていたのかもしれない。

劉備もそれを心配して、臨終のさいに、「馬謖はいつも実力以上のことを口にする。重く用いてはならぬ」と、わざわざ孔明に注意を促しているが、以後も孔明は馬謖を信任し続けた。

今回、先鋒部隊の指揮官に任命するについても、配下の部将のなかには危ぶむ者が多かったが、孔明は反対を押し切って、馬謖を抜擢したのである。見所のある若者に手柄をたてさせ、ハクをつけてやりたい——そんな気持ちがはたらいたのであろうか。

孔明は馬謖が出陣するとき、こまごまとした指示を与え、王平（おうへい）ら練達の部将をその配下につけてやった。しかし馬謖は街亭で魏軍に遭遇したとき、孔明の指示を無視し、再三にわたる王平らの進言を退けて「山の上に陣する」という拙劣な戦法で魏軍を迎え撃った。一見なんでもなさそうな、このちょっとした判断のまちがいが、結局は孔明の作戦計画を大きく狂わせてしまったのである。

馬謖の軍律違反が敗戦をもたらした

魏軍の総司令官張郃(ちょうこう)はさすがに百戦錬磨の将軍だけあって、相手のミスを見逃さなかった。馬謖の軍が山上に布陣しているのを見てとるや、すぐさまこれを幾重にもとり囲んで水や兵糧の補給線を断ち、持久戦に出た。水を断たれては持久できない。坐して死を待つよりはと、馬謖は全軍で山を駆け下りたが、待ちかまえた魏軍の餌食となってしまった。

一方、箕谷に布陣した趙雲、鄧芝の別働隊も優勢な魏軍の反撃にあって撤退を余儀なくされた。孔明も今はこれまでと、全軍をまとめて漢中に引き揚げざるをえなかった。

こうして孔明の第一次遠征は街亭での不覚な敗戦によって失敗に帰した。敗戦の責任者は馬謖である。いくら愛する部下とはいえ、このまま見過ごしたのでは軍律を維持することができない。孔明は泣いて馬謖を斬った。

馬謖を斬罪に処するも、遺族は手厚く待遇

馬謖の処刑が行われた直後、成都で留守をあずかる蔣琬が慰問かたがた激励に駆けつけてきた。彼が馬謖の処刑を聞いて、

「昔、楚と晋が争ったとき、楚王が勇者の誉れ高い得臣を手にかけたとき、相手方の晋王はたいそう喜んだとか。いよいよこれからというときに、馬謖のような智謀の士を殺すとは、惜しいことをしましたな」

と語ったところ、孔明はこう答えたという。

「かの孫武がよく敵に勝つことができたのは、厳しく軍律を保ったからにほかなりません。自ら軍律を乱して、どうして敵に勝つことができましょうぞ」

こういうと、いかにも非情な武将のように聞こえるかもしれないが、彼は馬謖を斬罪に処しながら、一方ではその遺族に対して、従来どおり手厚い待遇を保証するという人情深い一面も見せている。こういうところが、畏れられながらかつ愛されたとい

われる彼の魅力の源泉なのである。

孔明は馬謖以下の責任者を処分したばかりではなく、最終責任者としての自らの処罰を劉禅(りゅうぜん)に願い出た。

「このたびの街亭、箕谷の敗戦はひとえに臣の責任であります。人を見る明に欠け、部下の任命を誤りました。『春秋』は敗戦の責任を帥(すい)(総司令官)に帰しております。臣の職こそまさしくこれに当たります。どうか降職三等に処し、臣の罪をお責めください」

劉禅は孔明を右将軍に降格した。

孔明、補給戦に泣く――小城一つに血みどろの攻防戦

敗戦の痛手をいやし、軍の態勢をたてなおした孔明は、二二八年冬、こんどこそはと、二度目の北伐を敢行する。

ここで彼は主君劉禅に「後・出師の表」（278ページ参照）をたてまつったことになっているが、この「後・出師の表」は『三国志』の「諸葛亮伝」には記載されておらず、その注に、張儼（ちょうげん）の『默記』からの引用として付記されているにすぎない。『三国志』の著者陳寿が「諸葛亮伝」に採用しなかったところからみて、孔明自身の手になるものではないとされてきた。文体、内容のうえから言っても、明らかに「前・出師の表」とは異質のものであり、後人の付会（ふかい）とみるのが妥当なところであろう。

それはさておき、孔明が春の失敗にもめげず、やつぎばやに北伐の軍を動かす決意を固めたのは、呉と魏がぶつかりあっている東部戦線の情勢が有利に展開していたか

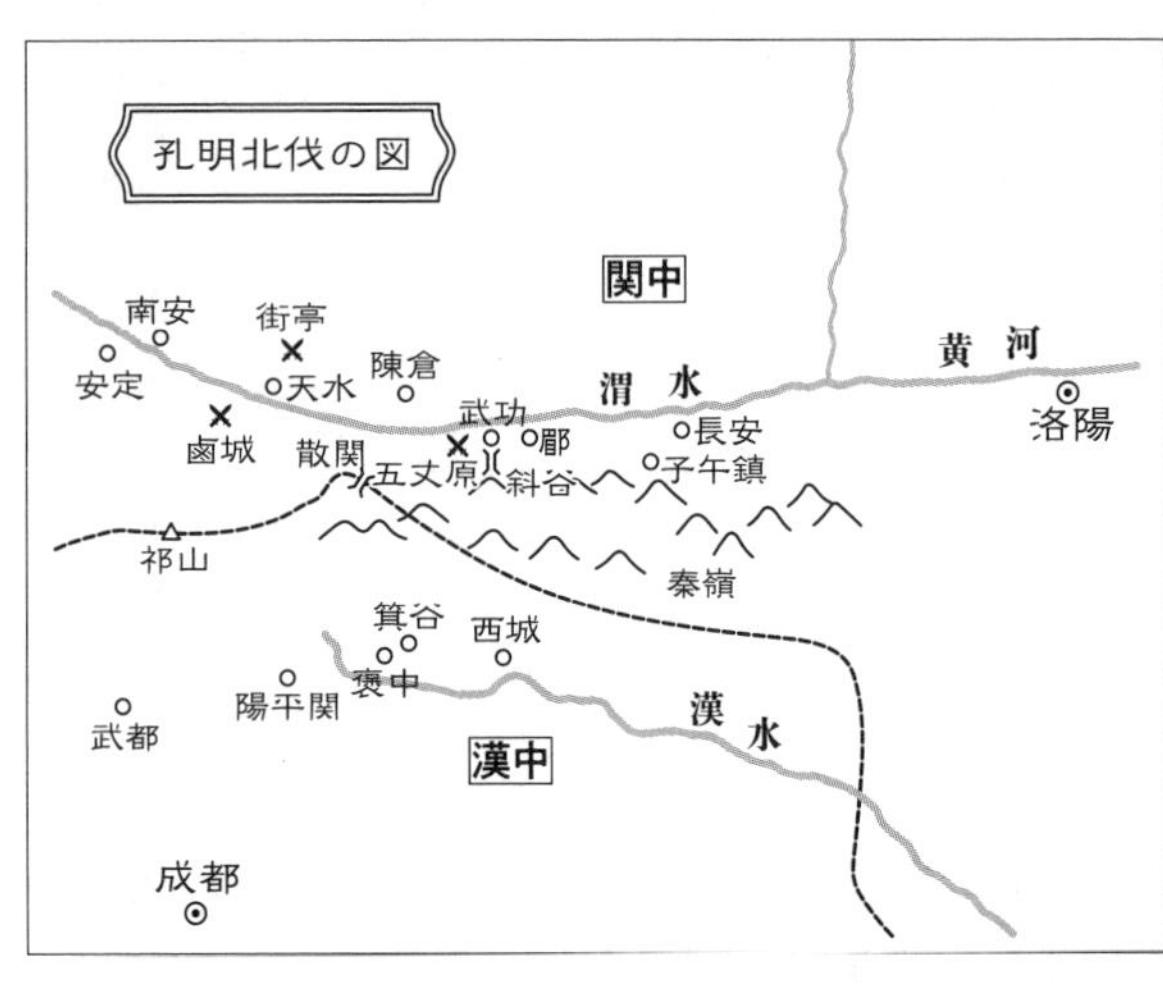

らである。

すなわち、この年の五月、魏は三方面から呉に進攻を開始したが、手ぐすねひいて待ちかまえていた孫権によって破られ、少なからざる痛手をこうむっていた。

「好機、来たる」。魏は東部戦線に兵力をとられ、蜀漢と接する関中（かんちゅう）方面は手薄になっている。孔明はそう判断したのだ。

孔明は前回とは進攻ルートを変えて、こんどは散関（さんかん）から打って出た。めざすは陳倉（ちんそう）である。これは守備兵一千余の小城にすぎない。一気にひねりつぶして気勢をあげ、その勢いに乗じて関中になだれこもうという作戦である。

しかし、孔明のこの目算は、緒戦の陳倉攻防戦で大きく狂ってしまう。

というのは、この小城を守っていたのは郝昭（かくしょう）という歴戦の勇将である。彼はすでに孔明の意図を察知し、十分な戦闘準備をととのえて蜀漢軍の進攻を待ちかまえていた。はたせるかな、小城一つをめぐって血みどろの攻防戦が展開されることになる。

郝昭の堅牢な守りに、やむなく退却

孔明は、数万の蜀漢軍をもって陳倉を包囲したとき、まず定石（じょうせき）どおり、郝昭に対し投降勧告を行った。郝昭と同郷の靳詳（きんしょう）という者をやって、城門の外から投降を呼びかけたところ、郝昭は城壁の上からこうどなりかえしてきた。

「魏の軍法の厳しさは、卿（けい）もよく知っているはずだ。わしがどんな人間であるか知らぬはずはあるまい。わしは魏の重恩を受け、家柄も重い。死はもとより覚悟のうえだ。さっさと帰って孔明に伝えてくれ。遠慮なく攻められるがよい、とな」

孔明はもういちど靳詳をつかわして降服をすすめさせた。

「よく聞くがよい。貴殿の兵は一千、わが方は数万の大軍である。勝負は明らかであろう。無駄な抵抗はやめられるのが身のためでござるぞ」

郝昭がまたもやどなりかえしてきた。

「聞く耳もたぬわい。これ以上つべこべぬかすと、そのどてっ腹に風穴をあけてくれようぞ」

とりつくしまもない。孔明はやむなく城攻めにかかった。

まず、雲梯（はしご車）を城壁に接近させ、衝車（戦車）を出動させて城壁を突き破ろうとした。郝昭もさるもの、いっせいに火箭を射かけて雲梯を焼きはらい、縄に石臼を結びつけて城壁から落下させ、衝車まで破壊してしまった。

そこで孔明は、こんどは高さ百尺の井闌（やぐら）をつくって、そのうえから城中に矢を射かけ、堀を埋めて城壁にとりつこうとした。しかし、郝昭は堀の内側にもう一つの城壁を築いてこれも防ぎきった。

さらばと孔明は、進攻用の堀をつくり、それを伝って城内への侵入をはかったが、郝昭はそれと交叉する横堀をつくらせ、またまた進攻をくいとめてしまった。

こうして一進一退の攻防が繰り返されたが、予想以上に城側の守りが堅く、どうしても攻め落とすことができない。さすがの孔明も小城一つをもてあまし、攻めあぐむこと二十余日、ついに兵糧の補給が続かず、涙をのんで軍を退かざるをえなかった。もともと蜀や漢中から渭水流域の関中に出るには険阻な山々を越えなければならない。絶壁から絶壁へ、岩をくりぬいてかけ橋を渡して道としているところも多い（これを桟道という）。人間が通るのさえ容易ではないのに、まして物資補給は困難をきわめる。孔明の遠征軍は、このハンディを克服できなかったのである。

補給と進攻を阻む天然の要塞

これより先、魏の朝廷は孔明の率いる蜀漢軍が陳倉を囲んだという知らせを受け、ただちに東部戦線から将軍の張郃を呼びもどして、陳倉の救援に向かわせていた。先の街亭の一戦において巧みな兵糧攻めで馬謖を敗走せしめたあの張郃である。張郃は、都洛陽で開かれた壮行会の席で、時の明帝から、

「そなたが行くまでに、陳倉が落ちはせぬか」

と訊かれたとき、こう答えたという。

「恐れながら、陳倉はもちこたえるかと思います。蜀漢軍には兵糧の補給がありませんから、そう長く包囲し続けることはできません。おそらく蜀漢軍の携帯する兵糧は

十日に満たないでしょう。わたしが駆けつけるまでに包囲は解かれていると思います」

はたして張部のことばどおり、彼の率いる三万の魏軍が到着するまえに、蜀漢軍は包囲を解いて撤退していたのである。

翌二二九年春には、ルートを変えて武都、陰平二郡を平定し、進攻の足がかりをつくった。孔明はこの功によって丞相の職務に復した。

続いて二三〇年秋には、魏が反撃の動きを見せ、孔明は迎え撃つ態勢をととのえたが、たまたまこの年は長雨で桟道が不通となり、魏軍はあきらめて途中から撤退した。どちらが攻めるにしても険阻な山々がネックになるのである。

慎重な仲達、いら立つ孔明

二三一年春、孔明はふたたび大軍を挙げて祁山(きざん)を襲った。

前二回の北伐がいずれも失敗に終わったのは、物資の補給に欠陥があったからだと悟った孔明は、新たに発明した木牛、流馬で物資を運んだといわれるが、これがどんなものであるか明らかではない。

魏は司馬仲達に諸将を率いさせて祁山の救援に向かわせた。ここで初めて孔明と仲達の対決となったわけだが、仲達の戦い方は慎重そのものだった。孔明がわざと誘いをかけても、けっして深追いはしてこない。相手が手ごわいと見ると、戦いを避けて前線基地に閉じこもってしまう。短期決戦に持ち込まねばならなかった孔明からみると、なんともやりにくい相手だった。

一方、仲達配下の部将連中は、こんな戦い方が歯がゆくてならない。

「仲達どのは孔明をまるで虎のように怖がっておられる。これでは天下の笑いものになりますぞ」

こうまで言われては仲達としても戦わざるをえない。ある日、意を決した仲達は真正面から孔明に一戦を挑んだが、散々に打ち破られた。仲達はまたしても甲羅(こうら)を破られたように前線基地に閉じこもってしまった。だが、孔明の側も食糧の補給が続かない。またもや涙をのんで軍を帰さざるをえなかった。

孔明の手堅い用兵に、追撃の張部敗れる

司馬仲達は蜀漢軍撤退の知らせを聞いて、ただちに配下の張部(ちょうこう)に追撃を命じた。百

戦錬磨の張郃は、

「城を包囲したときはかならず敵の逃げ道をあけておくべし。撤退する敵は追うなかれ。これが兵法のイロハですぞ」

といって反対したが、仲達は聞かなかった。

やむなく張郃は撤退する蜀漢軍を追撃した。

さすがに孔明はこのことを予期し、小高い丘に伏兵をかくしておき、張郃の軍が姿を現したとき、いっせいに弓弩（きゅうど）を射かけさせた。張郃の追撃軍は大混乱に陥り、張郃自身も右膝を射抜かれてあえない最期をとげた。


さきにも述べたように、孔明の用兵は慎重で手堅い点に特色がある。別の言い方をすれば、定石どおりの基本に忠実な用兵である。伏兵をおいて追撃軍を待ちかまえるといった戦法は、まさにその好例であるといっていい。

ここでは、その特色がいかんなく発揮され、みごとな成功をおさめたのである。

死せる諸葛、生ける仲達を走らす——北伐ついにならず、孔明五丈原に死す

二三四年春、孔明は二年間の準備期間をおいて、第四回の北伐を敢行した。孔明にとってはこれが最後の出陣となる。

兵力十万、もとより蜀漢の総力を挙げての進攻である。

今度は斜谷から渭水の南岸武功に出、そこから西に向かって五丈原に布陣した。これを迎え撃つ魏側の総司令官は、前回と同じ司馬仲達である。両雄二度目の対決、互いに手のうちを知りつくしている。

仲達は初めからまともに戦う意志はない。持久戦に持ちこみ、相手の撤退を待つ構えである。

孔明も前三回の失敗を肝に銘じているので、五丈原に布陣するやただちに屯田をお

こし、食糧の自給体制をととのえ、長期戦にそなえた。こうして対峙すること百余日に及んだ。

しかし、持久戦になっては、しょせん遠征軍に不利である。孔明はしばしばしかけるが、仲達はいっこうに乗ってこない。業(ごう)を煮やした孔明は、あるとき仲達に巾幗(きんかく)(婦人のベール)と婦人服を贈って挑発した。おまえは女のような奴だというわけである。それでも仲達は乗ってこない。

孔明の働きぶりから寿命を予測した仲達

そのころ、蜀漢側の軍使が仲達の陣営におもむいたことがある。すると仲達はしきりに孔明の執務ぶりや起居寝食について知りたがった。うかつにも軍使は秘密にしておくこともあるまいと、ありのままの実情を語った。

「公は朝早くお起きになり、夜は遅くお休みになります。鞭二十以上の罪はかならずご自分で決裁されます。お食事の量は一日三合程度とうけたまわっております」

軍使が帰ってから、仲達は側近の者をふりかえって、「孔明も長くはないな」と語ったという。

仲達の明察どおり、やがて孔明は血を吐いて倒れ、病床に臥す身となった。病勢は日に日に進んでいく。死期を悟った孔明は、楊儀、費禕、姜維ら配下の部将に撤収作戦をさずけ、ついに帰らぬ人となった。時に二三四年八月、享年五十四。

蜀漢軍が撤退したあと、その陣営のあとをつぶさに点検した仲達は、「孔明こそまこと天下の奇才である」と慨嘆したという。

『漢晋春秋』という本には、また陳寿の採用するところとならなかった次のような逸話が記されている。

蜀漢軍の異変は、ただちに近在の農民によって仲達の陣営にもたらされた。仲達はただちに追撃に移った。ところが楊儀の一隊が旗指物を押し立て、軍鼓を打ち鳴らしながら反撃してくる。「さては、はかられたか」と、仲達があわてて軍を返しているまに蜀漢軍は悠々と引き揚げていった。

これを見て、人々は「死せる諸葛、生ける仲達を走らす」と語り合ったという。ある者があとでこのことを仲達に告げたところ、彼は、

「生きた人間の考えならわかりもしようが、死んだ人間の考えることなど、わかりはせんよ」

と言って苦笑したという。

司馬仲達、名は懿、晋王朝の創始者司馬炎の祖父にあたる。孔明を奇才と認めた彼もまた、只者ではなかった。

孔明に応変の才はなかったのか

かくて孔明の雄図は空しく挫折した。四度試みた北伐は四度とも失敗に終わった。政治家としての孔明を「管、蕭の亜匹なり」とまで称揚した陳寿も、こと用兵の段になると「しかれども連年、衆を動かし、いまだよく功を成すあたわざるは、けだし応変の将略はその長ずるところにあらざるか」と疑問を投げかけている。

たしかに馬謖の起用、あまりにも正攻法に徹した作戦計画等、疑問を感じさせる面も少なくない。しかし、国力の違い、補給の困難等々の問題点を数えあげれば、そもそもこの戦いは、勝利することのきわめてむずかしい戦いであったと言えないこともない。結果的に成功しなかったからと言って、ただちにそれを孔明の将としての資質に結びつけるのは、あまりにも短兵急な見方ではあるまいか。

もっとも『二十二史劄記』の著書趙翼のように、陳寿の父はかつて馬謖の部下で、馬謖が敗戦の責任をとらされて斬罪に処せられたとき、髡（髪を切り落とす）という刑を受けているので、孔明の用兵に対する陳寿の低い評価にはそのことが関係しているのだと、うがった説を立てる者もいる。あるいは当たっているかもしれない。

孔明の死後、蜀漢では、蔣琬、費禕らが大司馬、大将軍として国政を担当し、後主劉禅をもりたててよく魏の重圧に耐えた。しかし、もはや孔明時代のような大規模な北伐は望むべくもなく、ひたすら守勢防禦の態勢をとらざるをえない。

やがて蔣琬、費禕の二人があいついで世を去るに及んで、蜀漢の命脈の尽きる時がきた。

魏の征西将軍鄧艾の率いる大軍団のまえに、蜀漢の防衛線はもろくもくずれさり、今はこれまでと悟った劉禅は自らの身に縄をかけて鄧艾の陣営におもむき、降服を願い出た。時に二六三年、孔明の死から二十九年後のことである。

第2章

将苑〔兵法論・将帥論〕

孔明流、すぐれた組織とリーダーシップ

『諸葛亮集』に収められている「将苑」五十篇の全訳である。古くは「心書」とも呼ばれていたらしい。内容的には『孫子』の影響が強いように思われる。諸葛孔明自身の手になるものではなく、後人の偽作とする説もあるが、確かなことはわからない。

本篇をしいて分類すれば、全五十篇のうち、約半分は将帥論で、残り半分がいわゆる兵法論といった内容である。数ある中国の兵法書のなかでも、これほど詳細かつ多面的な将帥論が展開されている例は、まれであるといってよい。将帥論をより今日的にいえば、指導者論であり、管理職論であって、それを微に入り細をうがって説きあかしているところが、本篇の第一の見所である。残り半分の兵法論も、ある意味では、兵法書の古典とされてきた『孫子』以下の各書のエッセンスが収められているといえる。

1 軍権の掌握――猛虎に羽翼を加えるがごとし

軍権の掌握こそは、全軍を自由自在に使いこなし、将帥の威信を確立する鍵である。だから将帥は、しっかりと軍権を掌握して部下将兵に臨まなければならない。そうすればちょうど猛虎に羽を生やしたようなものだ。まさに鬼に金棒、思いどおりに軍を動かし、力強くはばたくことができる。

もし将帥が、軍権の掌握に失敗し、軍を思いどおりに動かせなかったら、どうなるか。それは、あたかも水から離れた魚のようなものだ。自由自在に泳ぎまわりたいと気持ちははやっても、結局は、浪に翻弄されるだけである。

◇◇◇◇◇◇

ソレ兵権ハ、コレ三軍ノ司命ニシテ、主将ノ威勢ナリ。将ヨク兵ノ権ヲ執リ、兵ノ要勢ヲ操リテ、群下ニ臨マバ、タトエバ猛虎ノ、コレニ羽翼ヲ加エテ四海ヲ翺翔（コウショウ）シ、遇（ア）ウトコロニ随（シタガ）イテコレヲ施スガゴトシ。モシ将、権ヲ失イ、ソノ勢ヲ操（ト）ラザレバ、マタ魚龍ノ江湖ヨリ脱スルガゴトシ。游洋（ユウヨウ）ノ勢ヲ求メントスレドモ、濤（ナミ）ニ奔（ハシ）ラサレ浪ニ戯（タワム）レテ、ナンヅ得（ウ）ベキ。

――「兵権」

◇◇◇◇◇◇◇◇◇

権限と責任

「権限なくして責任なし」といわれる。

与えられた職責を全うするためには、その職責にふさわしい権限が与えられなければならない。職責と権限とは密接不可分のものである。それは、戦闘集団だけに限らず、すべての組織にあてはまる鉄則である。

2 獅子身中の虫——組織の崩壊は内部に原因あり

軍や国を内部崩壊に導くのは、次の五種類の連中である。

1 仲間を語らい、徒党を組んで、能力のある者を誹謗する
2 ことさら人目に立つような華美な衣服を着用する
3 できもしない妖術を口にし、神がかりな言辞を弄する
4 公的な規律を無視し、自分勝手な判断で民衆を煽動する
5 損得を計算し、こっそり敵と通謀する

この五種類の人間は、低劣で信用ならぬ連中である。将帥は、かかる連中を近づけてはならぬ。

◇◇◇◇◇◇◇◇◇◇◇◇◇◇◇◇◇

ソレ軍国ノ弊ニ五害アリ。一ニ曰ク、党ヲ結ビテアイ連ナリ、賢良ヲ毀譖ス。ニニ曰ク、ソノ衣服ヲ侈ニシ、ソノ冠帯ヲ異ニス。三ニ曰ク、妖術ヲ虚誇シ、神道ヲ詭言ス。四ニ曰ク、是非ヲ専窣シ、私ニモッテ衆ヲ動カス。五ニ曰ク、得失ヲ伺候シ、陰ニ敵人ト結ブ。コレイワユル姦偽悖徳ノ人ナリ。遠ザクベクシテ親シムベカラズ。

――「逐悪」

組織の内部崩壊

多くの場合、組織の活力が衰え、ついには崩壊に至るのは、内部的な要因に起因している。外圧が主なる要因と思われるケースでも、一皮むけば、内的要因がからんでいることが多い。内的要因のなかでも、最大のものは人的要因である。

ここでは、組織を内部崩壊に導く五種類の人間をあげているが、このような人間に対して早めに対策をこうじなければ、組織の活力を維持することはできない。中国革命のなかで、毛沢東がたびたび「整風運動」を発動してモラルの高揚をはかったのも、これがねらいであった。

3 人物鑑定法――人間の本質を見極める7つのポイント

なにがむずかしいかと言って、人間を見分けるよりもむずかしいことはない。なんとなれば、善人がかならずしも善人らしい容貌をしているとはかぎらないし、悪人がかならずしも悪人らしい容貌をしているとはかぎらないからだ。

なかには、いかにも温和な顔つきをしているのに、かげにまわって人をだます者がいる。表面ではうやうやしい態度をとってはいるが、心のなかでは相手をなめている者もいる。人前では勇ましい言辞を弄するが、心のなかではびくついている者もいる。また、一見、一所懸命努めているように見えるが、不純な動機をかくしている者もいる。それを見分けるのは、容易ではない。

だが、人間を見分ける方法がないわけではない。一応、次の七項目をチェック・ポイントとしてあげることができる。

1　ある事柄について善悪の判断を求め、相手の志がどこにあるかを観察する

2　ことばでやりこめてみて、相手の態度がどう変化するかを観察する

3　計略について意見を求め、それによって、どの程度の知識を持っているか観察する

4　困難な事態に対処させてみて、相手の勇気を観察する

5　酒に酔わせてみて、その本性を観察する

6　利益で誘ってみて、どの程度清廉（せいれん）であるかを観察する

7　仕事をやらせてみて、命じたとおりやりとげるかどうかによって信頼度を観察する

◇◇◇◇◇◇◇◇◇◇◇◇◇◇◇◇◇◇

ソレ人ノ性ヲ知ルヨリモ察シ難キハナシ。美悪スデニ殊（コト）ナレドモ、情貌一ナラズ。温良ニシテ詐（サ）ヲナス者アリ、外恭（キョウ）ニシテ内欺（ギ）ナル者アリ、外勇ニシテ内怯（キョウ）ナル者アリ、力ヲ尽クシテ忠ナラザル者アリ。然（シカ）レドモ人ヲ知ルノ道ニ七アリ。一ニ曰ク、コレニ問ウニ是非ヲモッテシテソノ志ヲ観（ミ）ル。二ニ曰ク、コレヲ窮（キュウ）セシムルニ辞弁（ジベン）ヲモッテシテソノ変ヲ観ル。三ニ曰ク、コレニ咨（ハカ）ルニ計謀ヲモッテシ

テソノ識ヲ観ル。四ニ曰ク、コレニ告グルニ禍難ヲモッテシテソノ勇ヲ観ル。五ニ曰ク、コレヲ酔ワシムルニ酒ヲモッテシテソノ性ヲ観ル。六ニ曰ク、コレニ臨ムニ利ヲモッテシテソノ廉（レン）ヲ観ル。七ニ曰ク、コレニ期（キ）スルニ事ヲモッテシテソノ信ヲ観ル。

——「知人性」

◇◇◇◇◇◇◇◇◇◇◇◇

二つの人物鑑定法

中国の古典は「人間学」の宝庫だといわれているが、「人間学」のなかでも、この人物鑑定法、つまり人物の見分け方は、もっとも基礎的な心得であるといってよい。

そこで参考のため、二つの鑑定法を紹介しておこう。

まず、戦国時代、魏の国の宰相を務めた李克（りこく）という人物の鑑定法である。彼は、人物鑑定の目安として、次の五条件をあげている。

1　不遇のとき、だれと親しくしていたか

2　富裕なとき、だれに与えたか

3　高位についたとき、だれを登用したか

4　窮地に陥ったとき、不正を行わなかったか
5　貧乏したとき、貪り取らなかったか

続いては、兵法書『六韜』に記載されている人物鑑定法で、これは、次の八項目をあげている。

1　質問してみて、どの程度理解しているかを観察する
2　追及してみて、とっさの反応を観察する
3　間者をさし向けて内通を誘い、その誠実さを観察する
4　秘密を打ち明けて、その人徳を観察する
5　財政を扱わせて、正直かどうかを観察する
6　女を近づけてみて、人物の堅さを観察する
7　困難な仕事を与えてみて、勇気があるかどうかを観察する
8　酒に酔わせてみて、その態度を観察する

4 将帥のタイプ——すぐれたリーダーの9分類

将帥には、次のように、仁将、義将、礼将、智将、信将、歩将、騎将、猛将、大将の九つのタイプがある。

1　仁将——徳と礼をもって部下に臨み、飢えにつけ寒さにつけ、部下と労苦を共にする

2　義将——旺盛な責任感をもって将たるの務めを果たし、一身の利益をかえりみない。名誉のためには死をも辞さず、生きて辱しめを受けることをいさぎよしとしない

3　礼将——高い地位にあっても鼻にかけず、敵に勝っても得意顔をしない。賢明ではあるが腰が低く、剛直ではあるが忍ぶべきところはよく耐え忍ぶ

4　智将——奇略縦横、いかなる事態にも対応でき、禍を福に転じ、危機に立たさ

れてもよく勝ちを制する

5 信将——信賞必罰をもって部下に臨み、しかも、賞するときはすぐさま賞し、刑は身分高き者にも公平に適用する

6 歩将——軍馬よりも速く走り、闘志満々、よく国境を固め、剣戟（けんげき）にたけている

7 騎将——高山、険阻の地をものともせず、馬上から放つ矢は飛ぶがごとく、進撃するときは先鋒、後退するときは殿（しんがり）を務める

8 猛将——先頭に立って全軍を叱咤（しった）し、いかなる強敵にもたじろがず、相手が大敵であればあるほど闘志を燃やす

9 大将——相手が賢者と見れば辞を低くして遇し、快く諫言に耳を傾ける。寛容なうえに剛直さを失わず、勇敢なうえに機略にも富んでいる

◇◇◇◇◇◇◇◇◇◇◇◇◇

ソレ将材ニ九アリ。コレヲ道（ミチビ）クニ徳ヲモッテシ、コレヲ斉（トトノ）エルニ礼ヲモッテシ、面シテソノ饑寒（キカン）ヲ知リ、ソノ労苦ヲ察ス。コレヲコレ仁将（ジンショウ）トイウ。事苟免（コウメン）スルナク、利ノタメニ擾（ミダ）サレズ、死ノ栄アリテ、生ノ辱（ジョク）ナシ。コレヲコレ義将トイウ。貴（タット）クシテ驕（オゴ）ラズ、勝チテ恃（タノ）マズ、賢ニシテヨク下（クダ）リ、剛ニシテヨク忍ブ。コレヲ

コレ礼将トイウ。奇変測（ハカ）ルナク、動キ応ズルコト多端、禍ヲ転ジテ福トナシ、危キニ臨ミテ勝チヲ制ス。コレヲコレ智将トイウ。進ミテ厚賞アリ、退キテ厳刑アリ、賞時ヲ逾（コ）エズ、刑貴（タット）キヲ択バズ。コレヲコレ信将トイウ。足ハ戎馬（ジユウバ）ヨリモ軽ク、気ハ千夫ヲ蓋（オオ）イ、ヨク彊場（キヨウエキ）ヲ固メ、剣戟（ケンゲキ）ニ長ズ。コレヲコレ歩将トイウ。高キニ登リ険ヲ履（フ）ミ、射ヲ馳（ハ）スルコト飛ブガゴトク、進メバ先行シ、退ケバ後ニ殿（シンガリ）ス。コレヲコレ騎将トイウ。気ハ三軍ヲ凌（シノ）ギ、志ハ彊虜（キヨウリヨ）ヲ軽ンジ、小戦ニ怯ニシテ、大敵ニ勇ナリ。コレヲコレ猛将トイウ。賢ヲ見レバ及バザルガゴトクシテ、諫ニ従ウコト流レニ順（シタガ）ウガゴトク、寛ニシテヨク剛、勇ニシテ計多シ。コレヲコレ大将トイウ。

——「将材」

5 将帥の器――器量の大小で、任せる組織の大小を決める

一口に将帥と言っても、その器量には大小の違いがある。

腹黒い人間を見分け、危機を未然に察知し、よく部下を統制することができる。これだけなら、十人の将にすぎない。

朝早くから夜おそくまで軍務に精励し、ことば遣いもいたって慎重である。これはまだ百人の将にすぎない。

曲がったことがきらいでしかも思慮に富み、勇敢かつ戦闘意欲が旺盛である。これは千人の将といえる。

見るからに威たけく、内には満々たる闘志を秘め、しかも部下将兵の労苦、飢寒を思いやる心を持っている。これなら一万人の将といえる。

有能な人材を登用するとともに、自らは毎日、怠りなく修養に努める。信義に篤く

寛容性に富み、治乱に心をみだされない。これなら十万人の将といえる。

人民に仁愛をたれ、信義をもって近隣諸国を心服させる。天文、地理、人事の万般に通じ、全人民から敬慕される。これなら天下万民の将たるの器である。

◇◇◇◇◇◇◇◇◇◇◇◇◇◇◇◇◇◇◇◇◇◇◇◇◇◇◇

将ノ器（ウツワ）ハ、ソノ用大小同ジカラズ。スナワチソノ姦（カン）ヲ察シ、ソノ禍ヲ伺（ウカガ）イ、衆ノ服ストコロトナルガゴトキハ、コレ十夫ノ将ナリ。夙（ツト）ニ興（オ）キ夜寐（オソクネ）、言詞密察（ミッサツ）ナルハ、コレ百夫ノ将ナリ。直ニシテ慮（オモンバカリ）アリ、勇ニシテヨク闘ウハ、コレ千夫ノ将ナリ。外貌桓桓（カンカン）、中情烈烈ニシテ人ノ勤労ヲ知リ、人ノ饑寒ヲ悉（ツマビラカ）ニスルハ、コレ万夫ノ将ナリ。賢ヲ進メ能ヲ進メ、日ニ一日ヲ慎（ツツシ）ミ、誠信寛大ニシテ理乱ニ閑タルハ、コレ十万人ノ将ナリ。仁愛下ニ洽（アマネ）キ、信義隣国ヲ服シ、上ハ天文ヲ知リ、中ハ人事ヲ察シ、下ハ地理ヲ識（シ）リ、四海ノ内、視ルコト室家ノゴトキハ、コレ天下ノ将ナリ。

――「将器」

6 将帥の不適格――将にふさわしくない人物の8タイプ

将帥の欠格条項

1 貪欲で厭くことを知らない
2 有能な人物を嫉妬する
3 讒言に耳を傾け、へつらい者を近づける
4 敵を知れども、おのれを知らない
5 ぐずぐずして決断力にとぼしい
6 酒色におぼれる
7 詐術を弄し、しかも臆病者である
8 口先ばかり達者で、態度に心がこもっていない

ソレ将タルノ道ニ八弊アリ。一ニ曰ク、貪ニシテ厭クナシ。二ニ曰ク、賢ヲ妬ミ能ヲ嫉ム。三ニ曰ク、讒ヲ信ジ佞ヲ好ム。四ニ曰ク、彼ヲ料リテミズカラ料ラズ。五ニ曰ク、猶予シテミズカラ決セズ。六ニ曰ク、酒色ニ荒淫ス。七ニ曰ク、姦詐ニシテ心怯ナリ。八ニ曰ク、狡言ニシテ礼ヲモッテセズ。　――「将弊」

◇◇◇◇◇◇◇◇◇◇◇◇

『孫臏兵法』も指摘する〝負けリーダー〟の共通項

ここにあげられている将帥の欠格条項は、そのまま現代の管理職の欠格条項でもある。先年、山東省臨沂の銀雀山漢墓から出土して一躍脚光をあびた『孫臏兵法』にも、敗北を招く将帥の条件として、次の項目があげられている。

①能力がないのに、あると思っている。②驕慢である。③地位に貪欲である。④財貨に貪欲である。（略）⑥軽率である。⑦鈍い。⑧勇気がない。⑨勇気はあっても体力がない。⑩ウソをつく。（略）⑭決断力がない。⑮動作がのろい。⑯やることが、いいかげんである。（略）⑱残忍である。⑲自分勝手である。⑳みずから規律を乱す。

7 将帥の職責——すぐれた将は「貢献すること」のみに専心する

軍隊は人をあやめる凶器である。それに頼りすぎれば失敗を招く。それと同じように、将帥というのはまことに困難な職責である。慎重に対処しなければ身の破滅を招く。

それゆえ、すぐれた将帥は、自分の率いる軍がいかに精強であっても、それだけを頼りにすることはない。君主から信任されても、その威光を笠にきることはないし、敵から恥辱を受けても、それによって闘志を失うことはない。利益で誘われても見向きもしないし、美人、美酒、美食を示されても、それにおぼれることはない。すぐれた将帥は、ただ一つ「国に報ゆる」ことだけを念頭におくのである。

◇ 兵ハ凶器ニシテ将ハ危任ナリ。ココヲモッテ器剛ナレバ欠ケ、任重ケレバ危ウシ。故ニヨク将タル者ハ、彊ヲ恃マズ、勢ヲ怙マズ、コレヲ寵スルモ喜バズ、コレヲ辱シムルモ懼レズ、利ヲ見テ貪ナラズ、美ヲ見テ淫セズ、身ヲモッテ国ニ殉ズ、一意ノミ。

——「将志」

◇◇◇◇◇◇◇◇◇

中国に古来、根付く反戦思想

「兵は凶器なり」とは『史記』主父偃伝にあることばである。

中国人の考え方には、伝統的に、「兵は国の大事」（『孫子』計篇）としながらも、一方では「兵は凶器」というような反戦思想が流れている。

つまり、軍事はゆるがせにすべきではないが、だからといって、やたらに行使すべきものではないというのである。したがって将帥もまた、軍を率いるにあたっては、きわめて慎重な態度が望まれるのだ。

8 将帥の務め――戦いにおける5つのポイント、4つの心得

将帥の務めは、次の「五善」「四欲」に集約される。

五善（五つのポイント）

1　敵の情況を把握する
2　進退の判断を的確にする
3　国力の限界をわきまえる
4　天の時を知り、部下を把握する
5　地形の険阻を調べあげる

四欲（四つの心得）

1　戦いは相手の意表を衝く

2　謀は、秘密を厳守する

3　兵の統制に意を用いる

4　全軍の心を一つにまとめる

◇◇◇◇◇◇◇◇◇◇◇◇

将ニ五善四欲アリ。五善トハ、イワユルヨク敵ノ形勢ヲ知リ、ヨク進退ノ道ヲ知リ、ヨク国ノ虚実ヲ知リ、ヨク天ノ時、人ノ事ヲ知リ、ヨク山川ノ険阻ヲ知ル。四欲ハ、イワユル戦イハ奇ナラント欲シ、謀ハ密ナラント欲シ、衆ハ静ナラント欲シ、心ハ一ナラント欲ス。

――「将善」

9 柔よく剛を制す——柔弱だけではかならず敗れ、剛強だけではかならず滅びる

すぐれた将帥は、剛と柔を兼ね備えている。だから不敗の境地に立つことができ、弱をもって強に勝ち、柔をもって剛を制することができるのである。

柔弱だけではかならず敗れるし、剛強一点張りでもかならず滅びる。柔ならず剛ならず、これが理想的なあり方である。

ヨク将タル者ハ、ソノ剛折ルベカラズ、ソノ柔巻クベカラズ。故ニ弱ヲモッテ彊(キョウ)ヲ制シ、柔ヲモッテ剛ヲ制ス。純柔純弱ハ、ソノ勢必ズ削ラル。純剛純彊ハ、ソノ勢必ズ亡ブ。柔ナラズ剛ナラザルハ、道ニ合スルノ常ナリ。——「将剛」

兵法にかぎらぬ処世共通の心得

「柔よく剛を制す」は兵法だけではなく、処世の心得でもある。このことばの出典は、ふつう、兵法書の『三略』であるとされているが、そのもとになっているのは『老子』である。念のため、『三略』と『老子』のそのくだりを紹介しておこう。

——古代の兵法書『軍讖』には「柔よく剛を制し、弱よく強を制す」と記されている。柔とは他者を包み育む徳にほかならず、剛とは他者を傷つけ損う悪にほかならない。弱者はだれからも擁護されるが、強者はだれからも狙われる。とはいえ、ただ柔のみを後生大事に守り、ただ弱のみを金科玉条としているのでは、なんの意味もない。柔と剛、弱と強の四者を兼備したうえで、時宜に応じ硬軟自在に対処することこそ肝要である（『三略』上略）。

——およそなにが柔らかい、弱いと言っても、水ほど柔らかく弱いものはない。そのくせ、堅く強いものにうち勝つこと、水にまさるものはない。これは、水が弱さに徹底しているからだ。弱は強に勝ち、柔は剛を制する。この道理はだれでも知っているが、実行できる者はいない（『老子』七十八章）。

10 将帥の禁忌事項――驕(おご)るべからず、惜しむべからず

将帥は、おのれの能力を鼻にかけて増長してはならない。増長すれば、それがおのずから態度にあらわれて、人に礼を失う。礼を失えば、人心の離反を招き、部下を心服させることができなくなる。

将帥はまたケチケチして、賞を出しおしみしてはならない。賞を出しおしみすれば、部下は命を投げ出そうとしなくなり、そうなれば、せっかくの軍事行動も所期の目的を達することができなくなるし、ひいては国土を敵に侵略されることにもなりかねない。

孔子もこう語っている。

「たとい周公(しゅうこう)ほどの並びない才能に恵まれていても、そのために増長したり、またそれを人のために出しおしむとしたら、ほかにどんな美点があろうと評価するに値し

ない」

◇◇◇◇◇◇◇◇◇◇◇◇◇◇◇◇◇◇◇◇◇◇◇◇

将ハ驕(オゴ)ルベカラズ。驕レバ礼ヲ失ウ。礼ヲ失エバ人離ル。人離ルレバ衆叛(ソム)ク。将ハ悋(オシ)ムベカラズ。悋メバ賞行ワレズ。賞行ワレザレバ士命ヲ致サズ。士命ヲ致サザレバ軍功ナシ。功ナケレバ国虚(ムナ)シ。国虚シケレバ寇(アダ)実ナリ。孔子日ク、「モシ周公ノ才ノ美アルモ、驕(キョウ)カツ悋(リン)ナラシメバ、ソノ余ハ観(ミ)ルニ足ラザルノミ」ト。

――「将驕悋」

〈周公〉 孔子が理想の人として仰いだ政治家。前一〇六〇年ごろ活躍した人物で、周の文王の子。兄の武王、おいの成王を輔(たす)けて周王朝の基礎を固めた。

11 将帥の「五強」「八悪」——将に適する5つの条件、8つの不適格

将帥には「五強」、すなわち五つの必要条件と、「八悪」、すなわち八つの欠格条項がある。

五強（五つの必要条件）

1　高節であること。そうあってこそ部下の奮起を促すことができる
2　孝弟であること。そうあってこそ名を挙げることができる
3　信義を重んじること。そうあってこそ友人と交わることができる
4　深慮であること。そうあってこそ包容力を身につけることができる
5　全力を傾注すること。そうあってこそ功績をたてることができる

八悪（八つの欠格条項）

1 謀（はかりごと）に欠ける。したがって是非の判断を下すことができない
2 礼に欠ける。したがって有能な人材を登用することができない
3 政治能力に欠ける。したがって法を適切に執行することができない
4 経済力はあっても、貧民を救済しようとしない
5 知恵に欠ける。したがって未知の事態に備えることができない
6 思慮に欠ける。したがって極秘事項が外に漏れるのを防ぐことができない
7 栄達しても、旧知の人々を推薦しようとしない
8 敗戦したとき、国民の非難にさらされる

◇◇◇◇◇◇◇◇◇◇◇◇◇

将ニ五彊八悪アリ。高節ニシテモッテ俗ヲ厲（ハゲマ）スベシ。孝弟ニシテモッテ名ヲ揚（あ）グベシ。信義ニシテモッテ友ト交ワルベシ。沈慮ニシテモッテ衆ヲ容（イ）ルベシ。力行ニシテモッテ功ヲ建（タ）ツベシ。コレ将ノ五彊ナリ。謀、是非ヲ料（ハカ）ルアタワズ。礼、賢良ヲ任ズルアタワズ。政、刑法ヲ正スアタワズ。富、窮阨（キュウヤク）ヲ済（スク）ウアタワズ。智、

末形ニ備ウルアタワズ。慮、微密（ビミツ）ヲ防グアタワズ。達、知ルトコロヲ挙グルアタワズ。敗、怨謗ナキアタワズ。コレコレヲ八悪トイウ。

――「将彊」

◇◇◇◇◇

将帥の必要条件

ここでは高節、孝弟、信義、深慮、力行の五項目をあげているが、『孫子』では、智、信、仁、勇、厳を、『孫臏兵法』では、義、仁、徳、信、智、決をあげている。また、同じく兵法書の『呉子』は、「ふつう、世人が将帥を論ずる場合は、とかく、勇気という観点に立ちがちである。しかし、勇気ということは、将帥の条件のなかの何分の一かにすぎない」として、理（管理）、備（準備）、果（決断）、戒（自戒）、約（簡素）の五条件をあげている。

12 将帥の統率権――勝利のためには君命といえども無視せよ

昔国王は、国難に見舞われると、有能な人材を選んで将帥に任命した。

国王は斎戒すること三日、先祖の廟に入り、南面して立つ。将帥は北面して立つ。王は太師（宰相）の捧げ持つ鉞を受けとって将帥に授けながら、こう告げる。

「将軍よ、これをもって軍の指揮をとれ」

さらにこう続ける。

「敵の虚につけ入るがよい。無理して強大な敵に立ち向かってはならぬ。おのれの地位を鼻にかけて部下を見下してはならぬ。部下の意見には努めて耳を傾けよ。また、功にはやって、おのれの本分を忘れてはならぬ。部下が休息しないうちは休息してはならぬ。部下が食事をしないうちは食事をしてはならぬ。また寒きにつけ暑きにつけ、苦しきにつけ安きにつけ、いかなる場合であろうとも、部下と行動を共にするがよい。

そうすれば、部下はかならず死力を尽くし、勝利はわがものとなる」

将帥は王のことばを拝受し、北門を出て壮途につく。王は北門まで見送り、将帥の車にひざまずいて、こう告げる。

「進むも退くもすべて時しだい。軍中にあってはそなたの命令が絶対である。君命といえども無視するがよい」

こうなれば、将帥の地位は絶対的であり、思うがままに部下を使いきることができる。だからよく勝利をおさめ、功名を内外にとどろかせ、福を子孫にまで及ぼすことができるのである。

◇◇◇◇◇◇◇◇◇◇◇◇◇◇◇◇

古(イニシエ)ハ国ニ危難アレバ、君、賢能ヲ簡(エラ)ビテコレヲ任ズ。斎(サイ)スルコト三日、太廟ニ入リ、南面シテ立ツ。将、北面シ、太師(タイシ)、鉞(エツ)ヲ君ニ進ム。君、鉞ノ柄(ヘイ)ヲ持シテ将ニ授ケテ曰ク、「コレヨリ軍ニ至ル、将軍ソレコレヲ裁(ハカ)レ」。マタ命ジテ曰ク、「ソノ虚ヲ見レバ進ミ、ソノ実ヲ見レバ退ケ。身ノ貴(タット)キヲモッテ人ヲ賤(イヤ)シムナカレ。独リノ見ヲモッテ衆ニ違(タガ)ウナカレ。功能ヲ恃(タノ)ミテ忠信ヲ失ウナカレ。士イマダ坐サザレバ、坐スナカレ。士イマダ食ラワザレバ、食ラウナカレ。寒暑ヲ同ジクシ、労逸ヲ等シクシ、甘苦ヲ斉シクシ、危患ヲ均シクセヨ。カクノゴトクバ、士必ズコトゴトク死シ、敵必ズ亡ブベシ」。将、詞ヲ受ケ、凶門ヲ鑿キ、軍ヲ引キテ出ヅ。君コレヲ送リ、跪キテ轂ヲ推シテ、曰ク、「進退ハ時ヲ惟ル。軍中ノ事ハ君命ニ由ラズシテ、ミナ将ヨリ出ヅ」。カクノゴトクバ、上ニ天ナク、下ニ地ナク、前ニ敵ナク、後ニ主ナシ。ココヲモッテ智者ハコレガタメニ慮リ、勇者ハコレガタメニ闘ウ。故ニヨク戦イ外ニ勝チ、功、内ニ成リ、名ヲ後世ニ揚ゲ、福、子孫ニ流ル。

——「出師」

〈鉞〉

まさかり。軍権のシンボルである。古代中国の将師は、王から授けられたこの鉞をもって、軍令に違反する者を処断したといわれる。

13 部隊編成のコツ——どこに誰を起用するかで勝負が決まる

部隊編成は、次の要領で行う。

1 戦が飯より好きで戦陣にあることを楽しみ、いかなる強敵に出会っても平然と構えている。こんな兵士を選んで「報国隊」を編成する

2 やる気十分、体力もあり行動も敏捷である。こんな兵士を選んで「突撃隊」を編成する

3 健脚で、奔馬よりもまだ速く走ることができる。こんな兵士を選んで「特攻隊」を編成する

4 騎射が巧みで、百発百中の腕を誇る。こんな兵士を選んで「奇襲隊」を編成する

5　弓の名手で、百発百中、しかも一発で敵をしとめる。こんな兵士を選んで「射撃隊」を編成する

6　強弩(きょうど)をふりしぼる剛力の持ち主で、しかも、遠方からでもかならず命中させる。こんな兵士を選んで「砲撃隊」を編成する

以上で明らかなように、部隊編成にあたっては、兵士一人びとりの能力に応じて使いわけることが肝要である。

×××××××××××××××××××

ソレ師ノ行クヤ、闘イヲ好ミ戦イヲ楽シミ、独リ彊敵(キヨウテキ)ヲ取ル者アリ、聚(アツ)メテ一徒(ト)トナシ、名ヅケテ報国ノ士トイウ。気、三軍ヲ蓋(オオ)イ、材力勇捷(ユウシヨウ)ナル者アリ、聚メテ一徒トナシ、名ヅケテ突陣ノ士トイウ。軽足善歩(ゼンポ)、走ルコト奔馬(ホンバ)ノゴトキ者アリ、聚メテ一徒トナシ、名ヅケテ搴旗(ケンキ)ノ士トイウ。騎射飛ブガゴトク、発スレバ中(ア)タラザルナキ者アリ、聚メテ一徒トナシ、名ヅケテ争鋒(ソウホウ)ノ士トイウ。射必ズ中(ア)タリ、中タレバ必ズ死スル者アリ、聚メテ一徒トナシ、名ヅケテ飛馳(ヒチ)ノ士トイウ。ヨク強弩(キヨウド)ヲ発シ、遠キモ必ズ中タル者アリ、聚メテ一徒トナシ、名ヅケテ摧(サイ)

◇◇◇◇◇◇

鋒ノ士トイウ。コレ六軍ノ善士ニシテ、各ソノ能ニ因リテコレヲ用ウ。

――「択材」

その能に因りてこれを用う

ここで述べられていることは、一見、当たり前のように思われるが、肝心なのは、「その能に因りてこれを用う」という結びのことばである。能力本位の適材適所主義は、いつの時代でもあてはまる鉄則であろう。

14 天、時、人——勝利をつかむ3つの要素

勝利を勝ちとるには、天（客観条件）、時（タイミング）、人（人的条件）の三つの条件に逆らってはならぬ。将帥は、この点によく留意すべきである。

天と人の二条件はそろっているが、時の条件に欠けていることを「時に逆らう」という。時と人の二条件はそろっているが、天の条件に欠けていることを「天に逆らう」という。また、天と時の二条件はそろっているが、人の条件に欠けていることを「人に逆らう」という。

智者は、天、時、人の三つの条件がそろわなければ、軍事行動を起こさない。

◇◇◇◇◇◇

ソレ将タルノ道ハ、必ズ天ニ順（シタガ）イ、時ニ因（ヨ）リ、人ニ依リテモッテ勝チヲ立ツルナリ。故ニ天作（ナ）リ時作ラズシテ人作ルハ、コレ時ニ逆（サカ）ラウト謂（イ）ウ。時作リ天作ラ

ズシテ人作ルハ、コレ天ニ逆ラウト謂ウ。天作リ時作リテ人作ラザルハ、コレ人ニ逆ラウト謂ウ。智者ハ天ニ逆ラワズ、マタ時ニ逆ラワズ、マタ人ニ逆ラワズ。

——「智用」

◇◇◇◇◇◇◇◇

天とはなにを指しているのか

勝つための条件として、天、時、人の三つをあげているのだが、時と人はわかるけれども、天とはなにを指しているのか、わかりにくい。「孫子」の兵法によれば、「陰陽、寒暑、時制なり」とある。つまり昼夜、晴雨、寒暑、季節などを指しているらしい。

15 よく敗るる者は滅びず――処世全般に通ずる上手に負けて最後に勝つ方法

昔から、立派な政治を行った君主は、軍隊にたよらなかった。軍事指導にすぐれた君主は、軍事行動を起こさなかった。用兵に巧みな君主は、あえて戦闘を交えなかった。戦闘指揮にすぐれた君主は、敗れることはなかった。負け方のうまい君主は、国を滅ぼさなかった。例をあげよう。

昔、聖人と称された君主は、ひたすら人民の生活安定に努め、生涯、軍隊にたよらなかった。立派な君主が軍隊にたよらなかったとは、これをいうのである。

聖天子の舜（しゅん）が刑典を発布し、咎繇（こうよう）が裁判官となってからは、法令違反をする者がいなくなり、したがって刑罰を科すまでもなく天下が平和に治まった。軍事指導にすぐれた君主は軍事行動を起こさなかったとは、これをいうのである。

禹（う）が有苗（ゆうびょう）（異民族）を討ったとき、舜が干羽（かんう）の舞を舞っただけで、有苗の民びとは帰順した。用兵に巧みな君主はあえて戦闘を交えなかったとは、これをいうのである。
斉の桓公は南の強国楚を討ち、北は山戎（異民族）を服属せしめた。戦闘指揮にすぐれた君主は敗れることがないとは、これをいうのである。
楚の昭王は呉に攻めたてられて秦に逃れたが、秦の援助をとりつけて国に帰ることができた。負け方のうまい君主は国を滅ぼさないとは、これをいうのである。

古ノヨク理ムル者ハ師セズ。ヨク師スル者ハ陳セズ。ヨク陳スル者ハ戦ワズ。ヨク戦ウ者ハ敗レズ。ヨク敗ルル者ハ亡ビズ。ムカシ、聖人ノ治理スルヤ、ソノ居ニ安ンジ、ソノ業ニ楽シマシメ、老ニ至ルモアイ攻伐セズ。ヨク理ムル者ハ師セズト謂ウベシ。舜、典刑ヲ修メ、咎繇、士師ト作リテ、人、令ヲ干サズ、刑、施スベキナキガゴトキハ、ヨク師スル者ハ陳セズト謂ウベシ。禹、有苗ヲ伐チシモ、舜、干羽ヲ舞イテ苗民格リシガゴトキハ、ヨク陳スル者ハ戦ワズト謂ウベシ。斉桓、南ノカタ彊楚ヲ服シ、北ノカタ山戎ヲ服セシガゴトキハ、ヨク戦ウ者ハ敗レズト謂ウベシ。楚昭、禍ニ遭イ、秦ニ奔リテ救イヲ求メ、ツイニヨク国ニ返リシガゴトキハ、ヨク敗ルル者ハ亡ビズト謂ウベシ。

――「不陳」

兵法の極意

『孫子』にもあるように、兵法の極意は戦わずして勝つことである。これが望みうる最上の勝ち方であろう（167ページ参照）。しかし戦いであるからには、当然、負けることもある。とくに弱者の場合は、負ける確率が高い。そうなると、その負け方が問題になる。同じ負けるにしても、損失を最小限度にくいとめる負け方をしなければならない。これは、兵法だけではなく、処世全体に通用する心得でもある。後味のよい敗北は、後味のわるい勝利よりも、はるかにまさる場合がある。

〈舜〉 中国古代の聖天子。

〈咎繇〉 皐陶とも書く。舜に仕えて裁判を司った。公平な裁判を行ったので、彼が裁判官となってからというもの、人民は上の者をあざむかなくなったといわれる。

〈禹〉 舜のあとを継いだ聖天子。

〈桓公〉 春秋時代の斉（せい）の国王。名宰相管仲（かんちゅう）の働きで、めきめきと実力をつけ、覇者（はしゃ）として諸侯に号令した。

16 用兵にたけた将の指揮——進撃は風のごとく、後退は山のごとし

『書経』に、

「君子をあなどれば、その心をとらえることができない。小人をあなどれば、その力を尽くさせることができない」

とあるが、将帥の心得の条も、このことばから導き出すことができる。

将帥たる者は、なによりもまず兵卒の心をつかみ、賞罰のけじめを厳しくし、文武の道を兼ね備え、剛柔の術を会得し、礼・楽・詩・書といった教養課目に親しみ、智・勇よりも仁・義を優先させなければならない。

用兵にさいしては、軍を休めるときは岩かげにひそむ魚のようにじっと息を殺しているが、いったん動き出せば、獲物をねらうかわうそのように襲いかかり、旗指物で勢威を示し、金鼓（銅鑼太鼓）による号令のもと、敵を捕捉殲滅する。

後退するときは山が動くように整然と行動し、敵につけ入るすきを与えない。進撃するときは疾風のごとく、敗走する敵を追撃するときは迅雷のごとく、敵と矛(ほこ)を交えるときは猛虎のごとく行動する。

強力な敵に対しては、ときに「詭道(きどう)」を用いることも辞さない。敵がひた押しにしてくれれば、あえて後退する。低姿勢に出て油断させ、有利とみせて誘い出し、混乱させて撃破する。団結が堅ければ離間をはかり、強大であれば弱体化させる。

味方の将兵に対しても、きめこまかな配慮を怠ってはならない。危険にさらされている者には救援を保証し、びくついている者には士気を鼓舞してやる。反乱の恐れある者は巧みに手なずけ、冤罪を主張する者には無実の罪をはらしてやる。血気にはやる者には手綱を引き締め、女々しい者には勇気を奮い起こさせる。すぐれた計謀の持ち主は側近に登用し、讒言(ざんげん)をこととするやからは追放する。また財をほしがる者には惜しまずに与える。

さらに、次のことも銘記しておかなければならない。

1　相手が弱敵でも、嵩(かさ)にかかって攻めたててはならない

2　味方の強大を恃んで、敵をなめてかかってはならない
3　おのれの才能を鼻にかけて、威張りちらしてはならない
4　君主の寵を恃んで、尊大な態度をとってはならない
5　まず、万全の作戦計画を定めてから軍を動員し、勝つ見通しがついたところで作戦行動を開始する
6　敵の財宝・子女を手に入れても、一人占めしてはならない

将帥がこのような心構えで部下に臨めば、部下は進んで戦場に赴き、いざ合戦となっても、勇んで戦うものだ。

◇◇◇◇◇◇◇◇◇◇◇◇◇◇◇◇◇◇◇◇◇◇◇◇◇◇◇

書ニ曰ク、「君子ヲ狎侮（コウブ）スレバ、モッテ人心ヲ尽クスナシ。小人ヲ狎侮スレバ、モッテ人力ヲ尽クスナシ」。故ニ兵ヲ行ウノ要ハ、務メテ英雄ノ心ヲ攬（ト）リ、賞罰ノ科ヲ厳シクシ、文武ノ道ヲ総（ス）ベ、剛柔ノ術ヲ操（ト）リ、礼楽ヲ説（ヨロコ）ビテ詩書ニ敦（アツ）ク、仁義ヲ先ニシテ智勇ヲ後ニス。静カナルコト潜魚（センギョ）ノゴトク、動クコト奔獺（ホンダツ）ノゴトク、ソノ連ナルトコロヲ喪（ホロ）ボシ、ソノ彊（ツヨ）キトコロヲ折リ、耀（カガヤ）カスニ旌旗（セイキ）ヲモッテ

シ、戒シムルニ金鼓ヲモッテシ、退クコト山ノ移ルガゴトク、進ムコト風雨ノゴトク、崩ルルヲ撃ツコト摧クガゴトク、戦イヲ合ワスルコト虎ノゴトシ。迫ニシテコレヲ容レ、利ニシテコレヲ誘イ、乱ニシテコレヲ取リ、卑ニシテコレヲ驕ラシメ、親ニシテコレヲ離シ、彊ニシテコレヲ弱ム。危ウキ者アレバコレヲ安ンジ、懼ルル者アレバコレヲ悦バシ、叛ク者アレバコレヲ懐ケ、冤ム者アレバコレヲ申ベ、彊キ者アレバコレヲ抑エ、弱キ者アレバコレヲ扶ケ、謀ル者アレバコレニ親シミ、讒ル者アレバコレヲ覆シ、財ヲ獲ントスル者ニハコレヲ与ウ。兵ヲ倍シテモッテ弱キヲ攻メズ、衆ヲ恃ミテモッテ敵ヲ軽ンゼズ、才ニ傲リテモッテ人ニ驕ラズ、寵ヲモッテ威ヲ作サズ。先ニ計リテ後動キ、勝チヲ知リテ始メテ戦イ、ソノ財帛ヲ得テミズカラ宝トセズ、ソノ子女ヲ得テミズカラ使ワズ。将ヨクカクノゴトクバ、号ヲ厳ニシ令ヲ申ベテ、人、闘ウヲ願イ、スナワチ兵合シ刃接シテ人死スルヲ楽シム。

――「将誡」

◇◇

〈書経〉 たんに『書』とも『尚書』とも呼ばれる。もっとも基本的な経書の一つ。

17 備えあれば患いなし——国防をおろそかにしては、滅亡あるのみ

国家にとって最大の急務は国防である。たとえいささかでも国防に手抜かりがあれば、とりかえしのつかぬ事態を招くことは必定であり、敵の攻撃のまえに大敗を喫し、国土の蹂躙を許すことになろう。まことにゆるがせにできないのは国防である。

だから、困難に直面すれば、君臣ともに寝食を忘れて対策を協議し、有能な人物を選んで将帥に任命する。

もし当面の平和に慣れて将来の危難に備えることを怠り、敵の攻撃にさらされても、のんきにかまえていれば、どうなるか。それはちょうど燕が幕に巣くい、魚が鼎のなかで遊んでいるような危い状態で、滅亡は目前であろう。

『左伝』にもこう記されている。

「備えを固めないうちは、戦争をしてはならない」

「まず磐石の備えを固める。これが古（いにしえ）の善政である」

「蜂（はち）やさそりのようなあんなちっぽけな虫でも身を守る手段として毒を持っている。ましてや国はふだんの備えに意を用いなければならない」

備えがなければ、どんな大軍を擁していてもあてにはならない。まさしく「備えあれば患（うれ）いなし」なのである。

軍事行動を起こすにあたっては、くれぐれも備えを怠ってはならない。

◇◇◇◇◇◇◇◇◇◇◇◇◇◇◇◇◇◇◇◇◇◇◇◇◇◇◇

ソレ国ノ大務ハ、戒備（カイビ）ヨリモ先ナルハナシ。モシソレコレヲ失ウコト毫釐（ゴウリ）ナレバ、差千里ニ若（シ）ク。軍ヲ覆（クツガエ）シ将ヲ殺スモ、勢イヨイヨ息（ヤ）マズ。懼（オソ）レザルベケンヤ。故ニ患難アレバ、君臣旰食（カンショク）シテコレヲ謀リ、賢ヲ択（エラ）ビテコレニ任ズ。スナワチ居安ンジテ危キヲ思ワズ、寇至ルモ懼レヲ知ラザルハ、コレ燕、幕ニ巣（スク）イ、魚、鼎（カナエ）ニ游ブト謂ウガゴトシ。亡ビルコトタヲ俟（マ）タズ。伝ニ曰ク、「備エズシテ虞（オソ）レザルハ、モッテ師スルベカラズ」。マタ曰ク、「予メ備エテ虞レナキハ、古ノ善政ナリ」。マタ曰ク、「蜂蠆（ホウタイ）ナオ毒アリ、イワンヤ国ニオイテヲヤ」。備エナキハ、衆（オオ）シトイエドモ恃（タノ）ムベカラズ。故ニ曰ク、備エアレバ患（ウレ）イナシ、ト。故ニ三軍ノ行、

∞ 備エナカルベカラズ。

——「戒備」

備えあれば患いなし

日常生活でもよく使われるこのことばの出典は、『左伝』という歴史書である。春秋時代に、晋のある家臣が晋王を諫(いさ)めたことばのなかに、『書』に曰くとして「安きに居りて危うきを思う。思わばすなわち備えあり。備えあれば患(うれ)いなし」と引かれている。ちなみに、原典とされるその『書』は現在伝わっていない。

18 習練なければ百もて一に当たらず——民をドブに捨てるに等しい行軍

軍を編成しても、兵卒に教育と訓練をほどこさなければ、百人で一人の敵に当たることもできない。教育と訓練をほどこしたうえで使えば、一人で百人の敵に当たることができる。

孔子は、

「教育をしないで人民を戦争に駆りたてるのは、まるで人民をドブに捨てるようなものだ」「善人が七年間人民を教化すれば、人民は甘んじて戦場に赴くようになる」と語っている。とすれば、人民を戦場に駆り出すには、まず教育をほどこし、彼らに礼と義、忠と信を教えこまなければならない。そして軍令を布き、賞罰を明らかにすれば、人民は進んで、戦場へ赴くようになる。

そのうえで、軍事訓練をほどこし、整列と分列、伏せと直立、行進と停止、前進と後退、散開と集合など、命令一下、自由自在に動かせるようにする。

一人が十人を教育し、十人が百人を、百人が千人を、千人が一万人を教育し、そして全軍に教育の輪を広める。そのうえで軍事訓練をほどこせば、敵を打ち破ることができる。

×××××××××××××××××××××××××××××

ソレ軍ニ習練ナケレバ、百モテ一ニ当タラズ。習イテコレヲ用ウレバ、一モテ百ニ当タルベシ。故ニ仲尼(チユウジ)曰ク、「教エズシテ戦ワシム。コレコレヲ棄(ス)ツト謂ウ」。マタ曰ク、「善人、民ヲ教ウルコト七年、マタモッテ戎(ジユウ)ニ即(ツ)カシムベシ」。然ラバスナワチコレヲ戎ニ即カシムルニハ教エザルベカラズ。コレニ教ウルニ礼義ヲモッテシ、コレヲ誨(オシ)ウルニ忠信ヲモッテシ、コレヲ誡(イマシ)ムルニ典刑ヲモッテシ、コレヲ威スルニ賞罰ヲモッテス。故ニ人、勧(スス)ムヲ知ル。然ル後ニコレヲ習ワシム。アルイハ陳(ナラ)ベテコレヲ分カチ、坐サシメテコレヲ起(タ)タセ、行カセテコレヲ止メ、走ラセテコレヲ卻(シリゾ)ケ、別ケテコレヲ合ワシ、散ジテコレヲ聚(アツ)ム。一人、十人ヲ教ウベシ。十人、百人ヲ教ウベシ。百人、千人ヲ教ウベシ。千人、万人ヲ教ウベク、三軍ヲ教ウベシ。然ル後教練シテ敵ニ勝ツベキナリ。

——「習練」

教育と訓練

このくだりは部下の管理育成について、重要な示唆を与えている。すなわち①技術訓練をほどこすまえに、一般的な総合教育を与えること、②教育と訓練は集団全員の同時教育よりも、ネズミ算式の拡散教育を行えということだ。

①を現代の社員教育にあてはめれば、専門教育のまえに、まず社会人としての基本教育をほどこせということになろう。

19 敗北を招く情況——負けるべくして負ける9つの条件

軍は、次の情況に陥ったとき、かならず敗れる。

1　敵情探索が不十分で、物見からの情報連絡が的確性を欠いている

2　部隊が命令に違反したり集結の時刻に遅れたりしてタイミングよく行動せず、作戦行動に齟齬(そご)をきたす

3　兵卒の動きがばらばらで、号令に従って整然と行動することができない

4　将帥が部下をいたわらず、やたらに酷使する

5　将帥が私利私欲に走り、兵卒が飢えに泣き、寒さに苦しんでいても、意に介さない

6　部隊に神がかりな言辞が横行し、軽々しく占い師まがいのことばを口にする者

がいる

7　兵卒が理由もなく騒ぎまわり、幹部将校の判断を混乱させる

8　部下が血気の勇にはやって上官の命令を無視し、独断専行する

9　勝手に軍資金を横領して私腹をこやす者がいる

以上の情況に陥ったとき、軍は解体の危機にさらされ、戦えばかならず敗れる。

◇◇◇◇◇◇◇◇◇◇◇◇◇◇◇◇◇◇◇

ソレ三軍ノ行、探候審（タンコウツマビラカ）ナラズシテ烽火度ヲ失ウ。期ニ後（オク）レ令ヲ犯シテ時機ニ応ゼズ、師徒ヲ阻乱（ソラン）ス。タチマチ前シタチマチ後（オク）レテ、金鼓ニ合ワズ。上、下ヲ恤（アワレ）マズ、削斂（サクレン）スルコト度ナシ。私ヲ営（ハカ）リ己ニ徇（シタガ）イテ、饑寒ヲ恤マズ。妖辞ヲ非言シ、妄（ミダ）リニ禍福ヲ陳（ノ）ブ。事ナクシテ喧雑（ケンゾウ）シ、将吏ヲ驚惑（キョウワク）ス。勇ニシテ制ヲ受ケズ、専ニシテ上ヲ陵（シノ）グ。府庫ヲ侵竭（シンカツ）シ、擅（ホシイママ）ニソノ身ニ給スルアリ。コノ九者ハ、三軍ノ蠹（ト）ナリ。コレアレバ必ズ敗ル。

——「軍蠹」

20 腹心、耳目、爪牙――信頼できる配下の選びかた

将帥は、「腹心（ふくしん）」、「耳目（じもく）」、「爪牙（そうが）」（ツメとキバ）を持たなければならない。

「腹心」がなければ、暗い夜道を手さぐりで歩くようなもので、思いきった行動がとれない。

「耳目」がなければ、暗やみのなかに坐っているようなもので、からだを動かすことすらできない。

「爪牙」がなければ、餓死寸前の人間が毒物に手を出すようなもので、身の破滅を招くことになる。

では、「腹心」、「耳目」、「爪牙」とするには、いかなる人物が適しているか。

「腹心」には、広く学問に通じ知能すぐれた人物を選ばなければならない。

「耳目」には、沈着冷静にして口の堅い人物を選ばなければならない。
「爪牙」には、勇猛果敢にして敵を恐れぬ人物を選ばなければならない。

◇◇◇◇◇◇◇◇◇◇◇◇◇◇◇◇◇

ソレ将タル者ニハ、必ズ腹心、耳目、爪牙(ソウガ)アリ。腹心ナキ者ハ、人ノ夜行スルガゴトクニシテ、手足ヲ措(オ)クトコロナシ。耳目ナキ者ハ、冥然(メイゼン)ト居ルガゴトクニシテ、運動ヲ知ラズ。爪牙ナキ者ハ、饑(キ)人ノ毒物ヲ食ラウガゴトクニシテ、死セザルナシ。故ニヨク将タル者ハ、必ズ博聞ニシテ多智ナル者ヲ腹心トシ、沈審ニシテ謹密ナル者ヲ耳目トシ、勇悍ニシテヨク敵スル者ヲ爪牙トス。——「腹心」

21 将帥の心得十五カ条――敵の力を軽視することなかれ

敗戦を招く原因は、すべて敵の力を軽視するところから生じる。したがって将帥が軍事行動を起こすさいには、次の十五の心得を肝に銘じなければならない。

1 慮(りょ)――間諜の活用をはかる
2 詰(きつ)――敵情の把握に努める
3 勇(ゆう)――大敵といえどもひるまない
4 廉(れん)――利益に心を動かさない
5 平(へい)――賞罰が公平である
6 忍(にん)――よく恥辱にたえる
7 寛(かん)――太っ腹である

8 信（しん）——ウソをつかない
9 敬（けい）——人材の登用をはかる
10 明（めい）——讒言（ざんげん）に耳をかさない
11 謹（きん）——謙虚にふるまう
12 仁（じん）——兵卒をいたわる
13 忠（ちゅう）——一身を投げ出して国に尽くす
14 分（ぶん）——限度をわきまえる
15 謀（ぼう）——おのれを知り敵を知る

以上、十五の心得を忘れるならば、敗北は必至である。

◇◇◇◇◇◇◇◇◇◇◇◇

ソレ軍ガ敗レ師ヲ喪（ウシナ）ウハ、イマダ敵ヲ軽ンジルニ因リテ禍ヲ致サザル者アラズ。故ニ師出ヅルニ律ヲモッテス。律ヲ失エバ凶ナリ。律ニ十五アリ。一ニ曰ク、慮。間諜明ナリ。二ニ曰ク、詰（キツ）。誶候（スイコウ）謹ナリ。三ニ曰ク、勇。敵衆（オオキ）キモ撓（ミダ）レズ。四ニ曰ク、廉。利ヲ見テ義ヲ思ウ。五ニ曰ク、平。賞罰均（タイラ）カナリ。六ニ曰ク、忍。ヨク恥ヲ含ムナリ。七ニ日ク、寛。ヨク衆ヲ容(イ)ルルナリ。八ニ日ク、信。然諾(ゼンダク)ヲ重ンズルナリ。九ニ日ク、敬。賢能ヲ礼スルナリ。十ニ日ク、明。讒(ザン)ヲ納(イ)レザルナリ。十一ニ日ク、謹。礼ニ違ワザルナリ。十二ニ日ク、仁。ヨク士卒ヲ養ウナリ。十三ニ日ク、忠。身ヲモッテ国ニ徇(ジュン)ズルナリ。十四ニ日ク、分。止足(シソク)ヲ知ルナリ。十五ニ日ク、謀。ミズカラ料(ハカ)リテ他ヲ知ルナリ。

——「謹候」

22 三つの「機」――機に乗じて勝利を収めよ

愚者が智者に勝つ。これを「逆」という。智者が愚者に勝つ。これを「順」という。智者が智者に勝つ。これを「機」(変化)という。

「機」には三つある。

1 事機(事態の変化)
2 勢機(態勢の変化)
3 情機(情勢の変化)

「事機」が有利に展開しているのに、それを生かせないのは、智者とはいえない。

「勢機」が有利に展開しているのに、それに乗ずることができないのは、賢者とはいえない。

「情機」が有利に展開しているのに、ぐずぐずためらっているのは、勇者とはいえない。

すぐれた将帥は、かならず「機」に乗じて勝利を収めるのである。

ソレ愚ヲモッテ智ニ克ツハ、逆ナリ。智ヲモッテ愚ニ克ツハ、順ナリ。智ヲモッテ智ニ克ツハ、機ナリ。ソノ道ニ三アリ。一ニ曰ク、事。二ニ曰ク、勢。三ニ曰ク、情。事機作リテ応ズルアタワザルハ、智ニアラザルナリ。勢機動キテ制スルアタワザルハ、賢ニアラザルナリ。情機発シテ行うアタワザルハ、勇ニアラザルナリ。ヨク将タル者ハ、必ズ機ニ因リテ勝チヲ立ツ。

――「機形」

23 命令と手段――兵卒を意のままに動かす耳・目・心の刺激

呉起（ごき）がこう語っている。

「合図の鳴り物は耳を刺激して命令に従わせる手段であり、旗や幟（のぼり）は目を刺激して命令に従わせる手段であり、禁令や刑罰は心を刺激して命令に従わせる手段である。

耳を刺激するのは音声であるから、鳴り物には澄（す）んだ音を使わなければならない。

目を刺激するのは容色であるから、旗や幟には目立つ色を使わなければならない。

心を刺激するのは刑罰であるから、刑罰は厳しくしなければならない。

この三つを明確に示さなければ、兵卒を意のごとく動かすことができない」

だからこそ「名将が指示すれば部下はかならずこれに従って動き、名将が下知すれば部下は死を畏れず進むようになる」といわれるのだ。

呉起曰ク、「鼓鼙金鐸ハ耳ヲ威スユエン、旌幟ハ目ヲ威スユエン、禁令刑罰ハ心ヲ威スユエンナリ。耳ハ声ヲモッテ威ス、清ナラザルベカラズ。目ハ容ヲモッテ威ス、明ナラザルベカラズ。心ハ刑ヲモッテ威ス、厳ナラザルベカラズ。三者立タズバ、士、怠ルベキナリ」。故ニ曰ク、「将ノ麾クトコロ、心移ラザルナシ。将ノ指ストコロ、前ミ死セザルハナシ」。

——「重刑」

◇◇◇◇◇◇◇◇◇◇◇◇◇◇◇

〈呉起〉 戦国時代初期、魏、楚に仕えた名将。兵法書『呉子』はその著とされている。

24 すぐれた将帥と凡庸な将帥——軍の根幹をなす禁・礼・勧・信の4項目

昔のすぐれた将帥は部下に臨むにあたって、次の四つの基本原則を守った。

1　進撃、後退いずれにさいしても、適切な指示を下した。部下が「禁を知る」、すなわち命令違反を犯さなかったのはそのためである

2　仁義に則って行動すべきことを教えた。部下が「礼を知る」、すなわちモラルを守ったのはそのためである

3　人材の登用には能力主義を貫いた。部下が「勧を知る」、すなわち奮いたったのはそのためである

4　信賞必罰をもって臨んだ。部下が「信を知る」、すなわち将帥のことばにウソいつわりのないことを知ったのはそのためである

禁、礼、勧、信――この四項目こそまさに軍の根幹をなすものである。大綱さえきちんと確立していれば、細目はおのずから正される。だから戦えばかならず勝ち、攻めればかならず取ることができたのだ。

凡庸な将帥はこれとは逆である。

後退するときは、総くずれとなって踏みとどまることができず、進撃するときはただやみくもに進むだけだから、壊滅を免れない。

賞罰の基準がでたらめであるから、部下は将帥を信頼せず、自ら奮いたち、自らいましめることを知らない。また、有能な人材が退けられ、へつらい者が幅をきかせるということにもなるのである。だから、戦えばかならず敗れるのだ。

◇◇◇◇◇◇◇◇◇◇◇◇

古ノヨク将タル者ニ四ノ大経(ダイケイ)アリ。コレニ示スニ進退ヲモッテス、故ニ人、禁ヲ知ル。コレヲ誘(サソ)ウニ仁義ヲモッテス、故ニ人、礼ヲ知ル。コレヲ重ンズルニ是非ヲモッテス、故ニ人、勧ヲ知ル。コレヲ決スルニ賞罰ヲモッテス、故ニ人、信ヲ知ル。禁、礼、勧、信ハ師ノ大経ナリ。イマダ綱直ニシテ目舒(ノ)ビザルハアラザルナリ。故ニヨク戦エバ必ズ勝ツ、攻メレバ必ズ取ル。庸将ハ然ラズ。退カバ止マルアタワズ、進マバ禁ズルアタワズ。故ニ軍ト同ジウシテ亡ブ。勧戒ナケレバ賞罰度ヲ失イ、人、信ヲ知ラズ、而シテ賢良退伏シ、諂頑登用セラル。ココヲモッテ戦エバ必ズ敗散ス。

——「善将」

25 力の源泉を把握する——天下の豪傑を屈服させる唯一の戦いかた

時の勢いに乗じて悪を討てば、聖天子の黄帝も及ばぬほどの威力を発揮することができる。味方の力を結集して勝ちを得れば、名君といわれた殷(いん)の湯王(とうおう)や周(しゅう)の武王(ぶおう)も及ばぬほどの功績を立てることができる。おのれの力の因(よ)って来たる源泉を把握し、それを十二分に発揮して相手に臨むなら、万人に将たる雄将でも、天下の豪傑でも、屈服させることができる。

◇◇◇◇◇◇◇◇◇◇◇◇

ソレ人ノ勢ニ因リテモッテ悪ヲ伐(ウ)タバ、黄帝モトモニ威ヲ争ウアタワズ。人ノ力ニ因リテモッテ勝チヲ決スレバ、湯・武モトモニ功ヲ争ウアタワズ。モシヨク因ヲ審(ツマビラカ)ニシテコレニ威勝ヲ加エナバ、万夫ノ雄将モ図(ハカ)ルベク、四海ノ英豪モ制ヲ受ク。

——「審因」

26 有利な態勢をつくる三条件——天の時、地の勢、人の利

戦争に勝つためには、有利な態勢をととのえなければならない。それには、次の三つのことに留意する必要がある。

1　天の時

2　地の勢

3　人の利

「天の時」とは、日月、五星が姿を現し、不吉な彗星が出現せず、風気の調和するタイミングをいう。「地の勢」とは、険阻な絶壁をめぐらし、広々とした紅海によってへだてられ、容易に敵を寄せつけない地形をいう。「人の利」とは、君主、将帥がともに賢明で、兵卒はよく軍律を守って命令に服し、十分な食糧と堅固な防具に身を固めている状態をいう。

すぐれた将帥は、「天の時」、「地の勢」、「人の利」に依拠して戦いに臨む。だから、戦えばかならず勝つのである。

ソレ兵ヲ行ルノ勢ニ三アリ。一ニ曰ク、天、二ニ曰ク、地、三ニ曰ク、人。天ノ勢トハ、日月清明ニシテ五星度ヲ合シ、彗孛殃セズ、風気調和スルナリ。地ノ勢トハ、城峻シクシテ重崖、洪波千里、石門幽洞ハ羊腸ニシテ曲沃タリ。人ノ勢トハ、主聖ニシテ将賢ニ、三軍礼ニ由リ、士卒命ヲ用イ、糧甲堅備ナリ。ヨク将タル者ハ、天ノ時ニ因リ、地ノ勢ニ就キ、人ノ利ニ依ル。スナワチ向カウトコロ敵ナク、撃ツトコロ万全ナリ。

――「兵勢」

×××××××××××××××××××

客観条件と情況判断

天の時、地の勢、人の利、この三つの客観条件を把握することが、有利な態勢をととのえる鍵だという。天の時、地の勢を把握するには、将帥の情況判断能力が大きくものをいってくる。これに対し、人の利はもっぱら将帥の努力によってつくり出される条件である。

27 勝利と敗北の分かれ目——勝ちに鍵あり、負けに徴候あり

必勝の鍵

1 有能な人材が登用され、無能な人間が退けられる
2 兵卒がのびのびと振る舞い、よろこんで将帥の命令に従う
3 兵卒が闘志満々、互いに威武を輝かすことを願っている
4 軍中に信賞必罰の威令が行きわたっている

必敗の徴候

1 兵卒が軍務を怠り、ささいなことにもすぐ浮き足だつ
2 兵卒が礼儀に欠け、将帥を信頼せず、平気で軍法を破る
3 むやみに敵を恐れ、その半面、計算高く、利益に敏感である

4　やたらに運、不運を口にし、神がかり的な言辞に一喜一憂する

賢才上ニ居リ、不肖下ニ居ル。三軍悦楽シ、士卒畏服ス。アイ議スルニ勇闘ヲモッテシ、アイ望ムニ威武ヲモッテシ、アイ勧ムルニ刑賞ヲモッテス。コレ必勝ノ徴ナリ。士卒惰慢シ、三軍数驚ク。下礼信ナク、人法ヲ畏レズ。アイ恐ルルニ敵ヲモッテシ、アイ語ルニ利ヲモッテシ、アイ嘱スルニ禍福ヲモッテシ、アイ惑ウニ妖言ヲモッテス。コレ必敗ノ徴ナリ。

——「勝敗」

28

将帥の権限——統率の要を担う賞罰ルール

将帥というのは、部下将兵の生命をあずかり、勝敗の鍵を握り、国の運命を左右する重要な存在である。

もし君主が将帥の任命にさいして賞罰の権限を委譲しなければどうなるか。それはちょうど猿の手をしばりあげて早く木に登れと言い、離婁の目をにかわで閉じ合わせて青と黄を見分けよと言うようなものである。軍の統率など、どだいムリな相談なのだ。

かりに賞罰の権限が権臣の手に移って将帥の手にないならば、部下は自らの利益のままに行動し、本気で戦おうとしなくなる。そうなれば、将帥が伊尹や呂尚のごとき智謀を備え、韓信や白起のごとき武勇の持ち主であったとしても、自分の身を守ることさえおぼつかなくなる。

孫武（そんぶ）が、

「将帥は、ひとたび出陣すれば、君命といえども無視することがある」

と語り、漢代の将軍・周亜夫（しゅうあふ）が、

「軍中では将軍の令を聞き、天子の詔（みことのり）を聞かず」

と語ったのは、いずれもこのことを言ったのである。

◇◇◇◇◇◇◇◇◇◇◇◇◇◇◇◇◇◇◇◇◇◇◇

ソレ将タル者ハ、人命ノ県（カ）カルトコロ、成敗ノ繋（ツナ）ガルトコロ、禍福ノ倚（ヨ）ルトコロナリ。シカシテ上コレニ仮（カ）スニ賞罰ヲモッテセザルハ、コレナオ猿猱（エンジュウ）ノ手ヲ束（ツカ）ネテ、コレヲ責（セ）ムルニ騰捷（トウショウ）ヲモッテシ、離婁（リロウ）ノ目ニ膠（ニカワ）シテ、コレヲシテ青黄ヲ弁ゼシムルガゴトシ。得ベカラズ。モシ賞移リテ権臣ニ在リ、罰主将ニ由（ヨ）ラザレバ、人カリソメニミズカラ利トシ、誰カ闘心ヲ懐（イダ）カン。伊・呂ノ謀、韓・白ノ功アリトイエドモ、ミズカラ衛（マモ）ルアタワズ。故ニ孫武曰ク、「将ノ出ヅルヤ、君命ニ受ケザルトコロアリ」。亜夫曰ク、「軍中、将軍ノ命ヲ聞キテ、天子ノ詔アルヲ聞カズ」。

——『仮権』

独断専行権

「君命に受けざるところあり」（『孫子』九変篇）とは、将帥に独断専行権が与えられていたことを示す。そもそも、将帥が軍を率いて出撃するにあたっては、すでに作戦計画が策定されていて、将帥といえども、基本的には、その計画に従って軍を動かさなければならない。しかし、軍事行動は臨機応変の対応を迫られることが多い。そこで、将帥に独断専行権を与えて、指揮権の自由な行使を保証したのである。「軍中、将軍の命を聞きて、天子の詔あるを聞かず」（『史記』絳侯周勃世家）という周亜夫のことばは、それをさらに強く表現したものであろう。

〈離婁〉 離朱（りしゅ）とも呼ばれる。小さなゴミを百歩はなれても見分けることができたという。

〈伊尹〉 殷の湯（とう）王に仕えた名宰相。

〈呂尚〉 太公望ともいう。周の文王、武王に仕えた名宰相。

〈韓信〉 「股くぐり」の故事で知られる名将。漢の高祖に仕え、張良（ちょうりょう）、蕭何（しょうか）とともに「三傑」と称された。

〈白起〉 戦国時代の秦の名将。

〈孫武〉 兵法書『孫子』の著者。春秋時代末期、呉に仕えた名将。

〈周亜夫〉 漢の文帝、景帝に仕えた将軍。軍規厳正であったところから「真の将軍」と称された。

29 部下に対する態度――「畏れながら愛される」厳しさと温かさ

昔のすぐれた将帥は、部下に対して、わが子に対するがごとく振る舞った。

すなわち、困難に直面するとみずから先頭に立って打開にあたり、かりに功績を立てても、それを部下に譲った。負傷者は心からいたわり、戦没者はねんごろに葬(とむら)った。飢えたる者には自らの食をさいて与え、寒さにこごえる者には自ら着衣を脱いで与えた。智者は礼をもって召しかかえ、勇者には賞をもってその功に報いた。

将帥たる者がこのような態度で部下に臨むなら、向かうところ敵なしである。

××××××××

古(イニシエ)ノヨク将タル者ハ、人ヲ養ウコト己(オノレ)ノ子ヲ養ウガゴトシ。難アレバ、身ヲモッテコレニ先ンジ、功アレバ、身ヲモッテコレヲ後ニス。傷(イタ)ム者ハ、泣キテコレヲ撫(ナグサ)メ、死スル者ハ、哀(カナ)シミテコレヲ葬(ホウム)リ、饑(ウ)エタル者ハ、食ヲ捨テテコレニ食(ク)

ラワシ、寒(コゴ)エル者ハ、衣ヲ解キテコレニ衣(キ)セ、智者ハ、礼シテコレヲ禄シ、勇者ハ、賞シテコレヲ勧ム。将ヨクカクノゴトクバ、向カウトコロ必ズ捷(カ)タン。

――「哀死」

◇◇◇◇◇◇◇◇◇

厳しさと思いやり

信賞必罰の厳しい態度で臨むだけでは部下の心をとらえることができない。古来、名将といわれてきた人々は、厳しさと同時に、部下の身を思いやる温かさをもっていた。

諸葛孔明は、軍規を維持するためとあれば、泣いて馬謖を斬る非情さを持っていたが、その半面、遺族に対しては従来どおりの待遇を保証するという、温かい心の持ち主でもあった。彼が部下から「畏れられながら愛された」(『三国志』)のは、そのためであろう。

また、戦国時代の名将呉起(ごき)(『呉子』の著者)は、はれもので苦しんでいる兵士のために、わざわざ自分の口をあてて、うみを吸いだしてやったといわれる。

匈奴（きょうど）から「漢の飛（ひ）将軍」として畏れられた李広（りこう）という名将も、行軍中、たまたま泉を発見しても、部下が全員飲みおわらないうちは、自分はけっして飲まなかったし、食糧も、部下全員に行きわたらないうちは、ついぞ手をつけたことがなかったといわれる。

このような思いやりが、部下を喜んで死地に赴かせる動機づけになるのである。

30 幕僚の構成――適材適所の見分けかた

軍団の編成にさいしては、かならず幕僚をおいて作戦計画の得失を検討させ、将帥の参考としなければならない。

幕僚には、高級、中級、下級の別を設ける。

1　よどみなく弁じたて、奇謀湧くがごとくにして知らざることがなく、多芸多才の人物がいる。このような人物は万人のあこがれの的である。招いて高級幕僚とするがよい

2　熊や虎のように荒々しく、岩をかけ登る猿のようにすばしっこく、鉄石のように強く、名剣龍泉(りょうせん)のように切れ味鋭い人物がいる。このような人物はひとかたの雄であるとはいえる。招いて中級幕僚とするがよい

3　おしゃべりでたまにはまともなことを言うが、格別の技能も才能もない。これは並みの人物である。招いて下級幕僚とするがよい

ソレ三軍ノ行クヤ、必ズ賓客（ヒンカク）アリテ、得失ヲ群議（グンギ）シ、モッテ将用ニ資ス。詞（コトバ）、県流ノゴトク、奇謀測（ハカ）ルナク、博聞広見ニシテ、多芸多才ナルモノアリ。コレ万夫ノ望ミナリ。引キテ上賓（ジョウヒン）トナスベシ。猛（タケ）キコト熊虎（ユウコ）ノゴトク、捷（ハヤ）キコト騰猿（トウエン）ノゴトク、剛（ツヨ）キコト鉄石ノゴトク、利（スルド）キコト龍泉ノゴトキモノアリ。コレ一時ノ雄ナリ。モッテ中賓トナスベシ。多言ニシテアルイハ中（ア）タリ、薄技小才ナルモノアリ。常人ノ能ナリ。コレ引キテ下賓トナスベシ。

——「三賓」

31 用兵の巧拙——先を読み大事にいたるまえに収束させるが最善

一口に用兵と言っても、その巧拙に応じて、次の三段階に分けることができる。

1　最善の用兵——困難を未然に防ぎ、事態を大事にいたらぬうちに解決する。先を読んで手を打ち、刑罰の規定はあっても、それを実際に適用する必要がないようにとりはこぶ。このような用兵こそ最善である

2　中程度の用兵——敵と相対して布陣し、軍馬を走らせ、強弩を射かけ、じりじりと敵陣に肉薄する。この段階で、敵は味方の勢いに恐れをなして、にわかに浮き足だつ。これは中程度の用兵である

3　最低の用兵——将帥が自ら陣頭に立って敵の矢をあび、目先の勝ち負けに血まなこになる。敵味方とも多数の死傷者を出しながら、勝敗の帰趨は定かでない。

これは最低の用兵である

スナワチ難ヲ易ニ図リ、大ヲ細ニナシ、先ズ動キテ後ニ用イ、無刑ニ刑スルハ、コレ用兵ノ智ナルモノナリ。師徒スデニ列シ、戎馬交イニ馳セ、彊弩纔カニ臨ミ、短兵マタ接シ、威ニ乗ジテ信ヲ布キ、敵人急ヲ告ゲルハ、コレ用兵ノ能ナルモノナリ。身モテ矢石ニ衝イ、勝チヲ一時ニ争イ、成敗イマダ分カレズ、我傷ツキ彼死スルハ、コレ用兵ノ下ナルモノナリ。

——「後応」

◇◇◇◇◇◇◇◇◇◇◇◇◇◇◇◇

戦わずして勝つ

同じ勝つにしても、さまざまな勝ちかたがある。死力を尽くして戦い、敵には勝ったものの味方の損害も少なくない。中国流兵法からいうと、こういう勝ちかたは、ほめられた勝ちかたではない。「戦わずして勝つ」ことが最善なのである。

孫子もこう語っている。

「百回戦って百回勝ったとしても、それは最上の勝利ではない。戦わずして相手を屈服させる。これこそ最上の勝利なのである。

すなわち最上の策は、敵の意図を見抜いてこれを封じることである。

これに次ぐのは、敵の同盟関係を断ち切って敵を孤立させることである。

第三が戦火を交えることであり、最低の策は敵城攻撃である。つまり、城を攻めるなどということは、あらゆる手立てを尽くしてのち、やむなく用いる最後の手段なのだ」(『孫子』謀攻篇)。

32 情況に応じた戦法――天地の諸条件を味方につけよ

その時々の情況に応じた戦いかた

1 草木の密集地帯は遊撃戦に適している

2 鬱蒼（うっそう）たる密林地帯は奇襲攻撃に適している

3 前面に林があってその間に遮蔽物（しゃへいぶつ）がない場合は塹壕（ざんごう）戦に適している

4 小部隊で大部隊を攻撃するときは日暮れが適している

5 大部隊で小部隊を攻撃するときは夜明けが適している

6 武器弾薬が十分なるときは速戦即決に適している

7 河をへだてて対陣し、しかも風が吹き荒れて見通しが悪いときは、前陣と後尾を挟撃（きょうげき）するに適しているソレ草木ノ叢集（ソウシュウ）セルハ、利、遊逸（ユウイツ）ヲモッテス。重塞セル山林ハ、利、不意ヲモッテス。林ヲ前ニシテ隠ルルナキハ、利、潜伏ヲモッテス。少ヲモッテ衆ヲ撃ツハ、利、日ノ莫（ク）ルルヲモッテス。衆ヲモッテ寡（カ）ヲ撃ツハ、利、清晨（セイシン）ヲモッテス。彊弩（キョウド）長兵ハ、利、捷次（ショウジ）ヲモッテス。淵ヲ踰（コ）エ水ヲ隔（ヘダ）テ、風大ニシテ暗昧（アンマイ）ナルハ、利、前ヲ搏（ウ）チ後ヲ撃ツヲモッテス。

――「便利」

33 必勝の局面をつくる——敵の不意を衝くが必定

敵の出方に対応して必勝の局面をつくる——これは一にかかってチャンスをとらえられるかどうかにかかっている。智者というのは、このチャンスのとらえかたが巧みなのだ。

チャンスをとらえるには、なによりもまず敵の不意を衝くことである。

猛獣も山から出てくれば、刀を手にした子どもにでも追いかけ回されることがある。

これに対し、蜂やさそりのような小さな虫でも、毒針で刺すことによって、大の男をあわてふためかせることができる。

なぜか。すばやく相手の不意を衝くからである。

∞　ソレ必勝ノ術、合変ノ形ハ、機ニ在リ。智者ニアラザレバ、孰（タレ）カヨク機ヲ見テ作サンヤ。機ヲ見ルノ道ハ、不意ヨリモ先ナルハナシ。故ニ猛獣険ヲ失ワバ、童子戟ヲ持チテモッテコレヲ追ウ。蜂蠆毒ヲ発シ、壮夫徬徨トシテ色ヲ失ウハ、ソノ禍図ラザルニ出デ、変速慮ルニアラザルヲモッテナリ。 ――「応機」

◇◇◇◇◇◇◇◇◇

兵は詭道なり

『孫子』は、戦いはだまし合い（詭道）だとして、こう語っている。

「たとえば出来るのに出来ないふりをし、必要なのに不必要だと見せかける。遠ざかると見せかけて近づき、近づくと見せかけて遠ざかる。有利と思わせて誘い出し、混乱させて突きくずす。休養十分な敵は奔命に疲れさせ、団結している敵は離間をはかる。敵の手薄につけこみ、敵の意表を衝く。これが勝利を収める秘訣である」

34 戦力比較のポイント——勝敗の帰趨を占う12項目

古来、戦争指導に卓越した者は、彼我双方の戦力を比較検討して勝敗の帰趨を判断した。

では、戦力比較の目安はなにか。次の十二項目をあげることができる。

1 君主はどちらがすぐれているか
2 将帥はどちらが賢明であるか
3 官吏はどちらが有能であるか
4 兵糧はどちらが豊富であるか
5 兵卒はどちらが鍛えられているか
6 軍容はどちらが堂々としているか

7　軍馬はどちらがすぐれているか
8　地形はどちらが有利であるか
9　幕僚はどちらが有能であるか
10　隣国はどちらを恐れているか
11　財政はどちらが豊かであるか
12　人民の生活はどちらが安定しているか

この十二項目を比較検討すれば、どちらが強いか、明確な結論を得ることができるのである。

◇◇◇◇◇◇◇◇◇◇◇◇◇◇◇◇◇◇◇◇

古（イニシエ）ノヨク兵ヲ用イル者ハ、ソノ能ヲ揣（ハカ）リテソノ勝負ヲ料（ハカ）ル。主ハ孰（イズ）レカ聖ナル。将ハ孰レカ賢ナル。吏ハ孰レカ能ナル。糧餉（リヨウシヨウ）ハ孰レカ豊カナル。士卒ハ孰レカ練（ネ）レタル。軍容ハ孰レカ整イタル。戎馬ハ孰レカ逸（イツ）ナル。形勢ハ孰レカ険ナル。賓客ハ孰レカ智ナル。隣国ハ孰レカ懼（オソ）レル。財貨ハ孰レカ多キ。百姓ハ孰レカ安ンジル。コレニ由リテコレヲ観レバ、彊弱（キヨウジヤク）ノ形、モッテ決スベシ。――「揣能」

35 勇敢に戦う理由——武器や甲冑があってこそ存分に戦える

蜂やさそりが敵を恐れないのは、その武器である毒針を恃みとしているからである。それと同じように、戦士が勇敢に戦うのは、防禦の堅固なることを恃みとしているからだ。

鋭利な武器、堅固な甲冑、これあるがゆえに兵士は勇敢に戦うのである。甲冑が堅固でなかったら、はだかで戦うのと同じである。矢を命中させることができなければ、矢を持たないのと同じである。命中させても、深く突き刺さらなければ、鏃がないのと同じである。物見をおかなければ、目を持たないのと同じである。将帥に勇気がなければ、いないのと変わりがない。

◇◇◇◇◇◇◇◇◇◇◇◇◇◇◇◇◇◇

螫虫（セキチュウ）ノ触（フ）ルルハ、ソノ毒ヲ負エバナリ。戦士ノヨク勇ナルハ、ソノ備エヲ恃（タノ）メバナリ。鋒鋭ク甲堅ナルハ、人、戦イヲ軽ンジルユエンナリ。故ニ、甲堅密ナラザルハ、肉袒（ニクタン）ニ同（ヒト）シ。射ヨク中（ア）タラザルハ、矢ナキニ同シ。中タリテモ入ルアタワザルハ、鏃（ヤジリ）ナキニ同シ。探候謹ナラザルハ、目ナキニ同シ。将帥勇ナラザルハ、将ナキニ同シ。

――「軽戦」

36 地勢の活用――戦地を知らずして、勝つことなかれ

地勢を巧みに活用すれば、作戦を有利に展開することができる。戦場の地勢を知らずに戦ったのでは、勝つことができない。そんな将帥はいまだかつて存在しなかった。そこで、地勢に応じた戦いかたをまとめてみよう。

1 山林丘陵、高原や大川の河原は、歩兵の戦いに適している
2 山麓地帯で、蔓草（つるくさ）が密生している所は、車騎の戦いに適している
3 山を背にして谷に近く、高林深谷をひかえている所は、弓弩の戦いに適している
4 草のまばらな平坦地で、自由自在に動き回れる所は、長戟（長槍）の戦いに適している

5　あしやよしが生え、竹藪(やぶ)が点在している湿地帯は、鎗(やり)や矛(ほこ)の戦いに適している。

◇◇◇◇◇◇◇◇◇◇◇◇◇◇◇◇◇

ソレ地勢ハ、兵ノ助ケナリ。戦地ヲ知ラズシテ勝チヲ求ムルハ、イマダコレアラザルナリ。山林土陵、丘阜(キユウフ)大川ハ、コレ歩兵ノ地ナリ。土高ク山狭ク、蔓衍(マンエン)アイ属スハ、コレ車騎ノ地ナリ。山ニ依リ澗(タニ)ニ附キ、高林深谷ナルハ、コレ弓弩ノ地ナリ。草浅ク土平ニシテ前スベク後スベキハ、コレ長戟(チヨウゲキ)ノ地ナリ。蘆葦(ロイ)アイ参(マジ)リ、竹樹交(コモゴモ)映ルハ、コレ鎗矛(ソウボウ)ノ地ナリ。

――「地勢」

37 欠陥将帥とその料理法——敵をよく見て弱点をねらえ

欠陥将帥には次の六種類がある。

1 勇気にはやって、死を軽んずる者
2 気短で、せっかちな者
3 貪欲で、利益をむさぼる者
4 仁愛にすぎて、厳しさに欠ける者
5 知恵はあるが、決断に欠ける者
6 計謀はあるが、行動力のない者

このような将帥を敵に回したとき、その料理法は次のとおりである。

1　勇気にはやって死を軽んずる将帥に対しては、そのように仕向けて自滅を待つ

2　気短でせっかちな将帥に対しては、じっくり構えて、じらし戦法をとる

3　貪欲で利益をむさぼる将帥に対しては、利益を与えて内通を誘う

4　仁愛にすぎて厳しさに欠ける将帥に対しては、積極的にしかけて奔命に疲れさせる

5　知恵はあるが決断に欠ける将帥に対しては、押しまくって窮地に立たせる

6　計謀はあるが行動力のない将帥に対しては、一気に襲いかかって決着をつける

×××××××××××××××××

ソレ将ニハ、勇ニシテ死ヲ軽ンズル者アリ、急ニシテ心速(スミ)ヤカナル者アリ、貪ニシテ利ヲ喜ブ者アリ、仁ニシテ忍ビザル者アリ、智ニシテ心怯(オ)ヅル者アリ、謀ニシテ情緩(ユルヤ)カナル者アリ。コノ故ニ、勇ニシテ死ヲ軽ンズル者ハ、暴(ミダ)スベシ。急ニシテ心速カナル者ハ、久シュウスベシ。貪ニシテ利ヲ喜ブ者ハ、遺(オ)クルベシ。仁ニシテ忍バザル者ハ、労(ツカ)ラスベシ。智ニシテ心怯ヅル者ハ、窘(セマ)ルベシ。謀ニシテ情緩(ユルヤ)カナル者ハ、襲ウベシ。

――「情勢」

38 攻めるべき敵と攻めるべきでない敵——まずは相手の情況を調べあげよ

昔から、戦上手はかならずまず敵の情況を調べあげてから、戦うべきか、戦わざるべきかを判断した。敵が次の情況にあるときは、断固、戦うべきである。

1　長期の遠征に疲れ、食糧も欠乏している
2　敵国の人民が遠征の負担に苦しんでいる
3　軍令の徹底を欠いている
4　武器、攻城用具が欠乏している
5　一貫した作戦計画を持たない
6　救援がなく、孤立している
7　幹部将校が兵をいたわらない
8　賞罰がでたらめである

9 軍全体が統制を欠いている
10 戦いに勝って、驕(おご)りたかぶっている

敵が次の情況にあるときは、戦いを挑んではならない。

1 賢明にして有能な人材を登用している
2 食糧が余裕十分である
3 武器、装備にすぐれている
4 諸国と友好関係を保っている
5 大国が後押しをしている

◇◇◇◇◇◇◇◇◇◇◇◇◇◇◇

古ノヨク闘ウ者ハ、必ズ先ズ敵情ヲ探(サグ)リテ後コレヲ図ル。オヨソ師老(ツカ)レ糧絶エ、百姓(ヒャクセイ)愁怨シ、軍令小習ニシテ、器械修マラズ、計先ニ設ケズ、外救至ラズ、将吏刻剝(コクハク)ニシテ、賞罰軽懈(ケイカイ)シ、営伍次ヲ失イ、戦イ勝チテ驕ルハ、モッテコレヲ攻ムベキナリ。賢ヲ用イ能ヲ授ケ、糧食羨余(センヨ)ニシテ、甲兵堅利、四隣和睦シ、大国応援スルガゴトキ、敵ニコレアラバ、引キテコレヲ計ル。

――「撃勢」

39 軍の統制——勝利の鍵を握る5つの条件

軍の出動にあたっては、統制を重視しなければならない。

統制の有無が勝利の鍵となる。

賞罰が明らかでなく、軍令の徹底を欠く。金（銅鑼）を打ち鳴らして後退を命じても後退せず、鼓（太鼓）をたたいて前進を命じても前進しない。これでは百万の大軍を繰り出しても、役には立たない。

では、統制がとれているとは、どういうことなのか。それは、次のような状態を指す。

1 平時においては規律を維持し、戦時にあっては期待どおりの戦力を発揮する

2 進撃させれば破竹の勢いを示し、後退を命じても敵につけいる隙を与えない

3　各隊が密接な連携のもとに一致協力し、困難の打開にあたる

4　全軍一体となって行動し、敵の分裂工作にまどわされない

5　戦意旺盛で、敵の猛攻にもへこたれない

ソレ師ヲ出ダシ軍ヲ行ルハ、整ヲモッテ勝トス。賞罰明ラカナラズ、法令信ナラズ、コレヲ金スルモ止マラズ、コレヲ鼓スルモ進マザルガゴトキハ、百万ノ師アリトイエドモ、用ニ益ナシ。イワユル師ヲ整エル者ハ、居リテハスナワチ礼アリ、動キテハスナワチ威アリ、進ミテハ当タルベカラズ、退キテハ逼ルベカラズ、前後応接シ、左右応旄シ、トモニコレ危ウカラズ、ソノ衆合スベクシテ離スベカラズ、用ウベクシテ疲ラスベカラズ。

――「整師」

40 部下のやる気の引き出しかた――ついていきたいと思われるリーダーの条件

部下将兵に臨む将帥の心得

1 爵位、高禄を保証する。こうすれば、有能な人材が馳せ参じてくる
2 礼と信（約束を守る）をもって接する。こうすれば、部下は死をも辞さない
3 恩をほどこし、法の適用に公平を期す。こうすれば、部下は喜んで服従する
4 率先して事にあたる。こうすれば、部下も尻ごみする者がいなくなる
5 善行はどんなちっぽけなことでも記録にとどめ、功績はどんなちっぽけなことでも賞を与える

こうすれば、部下は自ら進んで事にあたる。

ソレ兵ヲ用イルノ道ハ、コレヲ尊(タット)クスルニ爵ヲモッテシ、コレヲ瞻(ミ)ルニ財ヲモッテスレバ、士至ラザルナシ。コレニ接スルニ礼ヲモッテシ、コレヲ厲(ハゲ)マスニ信ヲモッテスレバ、士死セザルナシ。恩ヲ畜(タク)ワエテ倦マズ、法、一ヲ画クゴトクナラバ、士服サザルナシ。コレニ先ンズルニ身ヲモッテシ、コレニ後(オク)ルルニ人ヲモッテスレバ、士勇ナラザルハナシ。小善ハ必ズ録シ、小功ハ必ズ賞スレバ、士勧(スス)マザルハナシ。

——「厲士」

情況管理

管理というとややもすれば「しめつけ」を連想するが、理想的な管理システムとは、もともと、人間を管理することではなく、人間が進んで働くような情況をつくりだすことだといわれる。この一節はまさにそれであって、将帥（管理職）の務めは、部下が「やる気」を起こすような情況をつくってやることにあるのだという。

41 成功と失敗の分かれ目——驕(おご)れる者は自ら墓穴を掘る

聖人は「天」を手本とし、賢者は「地」を手本とし、智者は「古(いにしえ)」を手本とする。驕(おご)れる者は自ら墓穴を掘り、自分勝手な者は禍(わざわい)の種をまく。口数多き者は約束を破り、自らの才能を誇る者は恩愛に欠ける。功のない者に賞を与えれば見放され、罪のない者に罰を加えれば怨みを買う。また、感情のままに振る舞えば、身の破滅を招く。

聖人ハ天ニ則(ノット)リ、賢者ハ地ニ法(ノット)リ、智者ハ古(イニシエ)ニ則ル。驕(オゴ)ル者ハ毀(ソシ)リヲ招キ、妄(ミダ)リニスル者ハ禍(ワザワイ)ヲ稔(ツ)ミ、語多キ者ハ信寡(スクナ)ク、ミズカラ奉ズル者ハ恩少ナク、功ナキヲ賞スル者ハ離レラレ、罰、罪ナキニ加ウル者ハ怨マレ、喜怒当タラザル者ハ滅ビル。

——「自勉」

42 地勢に応じた戦法――林、草原、渓谷、水上、夜戦…それぞれの戦いかた

林のなかでの戦いは、昼は旌旗（旗指物）を押し立て、夜は金鼓を打ち鳴らす。武器は刀剣を使用し、伏兵をおいて、前面から攻撃をかけ、同時に後尾を攪乱する。

草原での戦いは、武器として剣と盾を使用する。出撃に先立って、まず道路を調査し、十里ごとに宿営、五里ごとに物見をおき、旌旗を林立させ、金鼓を乱打して気勢をあげ、敵の度肝を抜く。

渓谷での戦いは、伏兵に適している。勇敢に戦うことによって活路を見出す。すなわち、足に自信のある兵卒を選んで岩場にとりつかせ、そのあとから決死隊を繰り出す。いっせいに彊弩を射かけてから、刀剣を帯びた兵を続かせ、白兵戦を挑む。

水上での戦いは、舟を利用する。そのためには士卒に水戦用の訓練をほどこさなければならない。旗指物や幟(のぼり)を張りめぐらして敵を惑わせ、いっせいに矢を射かけながら、流れにそって攻めたてる。堅固な柵をつくって敵の反撃に備える。敵の攻撃には刀剣をもって迎え撃つ。

夜戦では、敵に作戦行動を気(け)どられてはならない。隠密に部隊を繰り出して、敵の不意を衝(つ)く。場合によっては、一面に炬火(たいまつ)をともし鼓を乱打して敵兵の耳目を乱し、どっと襲いかかる。

これが勝利の秘訣だ。

◇◇◇◇◇◇◇◇◇◇◇◇◇◇◇◇◇◇◇

ソレ林戦ノ道ハ、昼ハ旌旗(セイキ)ヲ広メ、夜ハ金鼓ヲ多クシ、利ハ短兵ヲ用イ、巧ハ設伏(セツフク)ニ在リ、アルイハ前ヲ攻メ、アルイハ後ヲ発(アバ)ク。叢戦ノ道ハ、剣楯ヲ利用シ、マサニコレヲ図ラント欲スレバ、先ズソノ路ヲ度(ワタ)リ、十里ニ一場、五里ニ一応、旌旗ヲ偃戢(エンシユウ)シ、特ニ金鼓ヲ厳ニシ、賊ヲシテ手足ヲ措(オ)クナカラシム。谷戦ノ道ハ、巧ハ設伏ニアリ、利ハ勇闘ヲモッテス、軽足ノ士ハソノ高キニ淩(ハ)セ、必死ノ士ハソノ後ニ殿(シンガリ)シ、彊弩(キヨウド)ヲ列(ナラ)ベテコレヲ衝キ、短兵ヲ持シテコレニ継(ツ)ギ、彼前(スス)ムヲ得ズ、我往クヲ得ズ。水戦ノ道ハ、利、舟楫(シユウシユウ)ニ在リ、士卒ヲ練習シテモッテコレニ乗ジ、多ク旗幟ヲ張リテモッテコレヲ惑ワシ、弓弩ヲ厳ニシテモッテコレニ中(ア)テ、短兵ヲ持シテモッテコレヲ捍(フセ)ギ、堅柵ヲ設ケテモッテコレヲ衛(フセ)ギ、ソノ流レニ順(シタガ)イテコレヲ撃ツ。夜戦ノ道ハ、利、機密ニ在リ、アルイハ師ヲ潜(ヒソ)メテモッテコレヲ衝キ、モッテソノ不意ニ出デ、アルイハ火鼓ヲ多クシテ、モッテソノ耳目ヲ乱シ、馳(ハ)セテコレヲ攻メ、モッテ勝ツベシ。

——「戦道」

43

人の和を重視せよ——組織の乱れは敗北を招く

軍の統率には、人の和を重視しなければならない。人の和があれば、兵士は強制するまでもなく、自ら進んで戦うようになる。

これとは逆に、次のような場合がある。

1 幹部同士が反目し合っている
2 兵卒が命令を聞かない
3 立派な作戦計画を立てても採用されない
4 部下が幹部を非難する
5 讒言(ざんげん)、足の引っ張り合いが横行するこんな状態では、かりに湯王や武王のような智謀に恵まれていても、たった一人の相手にも手こずるであろう。ましてや大軍を相手にするとなれば、敗戦は火を見るよりも明らかである。

◇◇◇◇◇◇◇◇◇◇◇◇

ソレ兵ヲ用イルノ道ハ、人ノ和ニ在リ。人和スレバ、勧（スス）メズシテミズカラ戦ウ。モシ将吏アイ猜（ウラ）ミ、士卒服サズ、忠謀用イラレズ、群下謗議（ボウギ）シ、讒慝（ザントク）コモゴモ生ジナバ、湯・武ノ智アリトイエドモ、勝チヲ匹夫ニ取ルアタワズ。イワンヤ衆人ヲヤ。

――「和人」

44 敵の情況を見破る法——真実は現実の裏にある

1 両軍対峙（たいじ）のとき、敵が鳴りをひそめているのは、堅固な守りを恃（たの）みとしているのである

2 しきりに戦いを挑発してくるのは、こちらの進攻を誘おうとしているのである

3 風もないのに樹々が揺れ動いているのは、兵車が進攻して来るのである

4 土ぼこりが低く広くあがっているのは、徒士（かち）が攻め寄せて来るのである

5 使者に強気の口上を述べさせ、強行突破の構えを見せるのは、退却に転じているしるしである

6 進攻するでもなく、後退するでもない構えをとっているのは、誘いの隙を見せているのである

7 杖をついて行軍しているのは、飢餓に悩まされている証拠である

8　明らかに有利な状態にあるのに、あえて進攻してこないのは、疲労困憊（こんぱい）しているしるしである

9　敵陣に鳥が群れているのは、すでに陣を引きはらったしるしである

10　夜、大声で呼びかわしているのは、恐怖感にとらわれている証拠である

11　軍に統制が欠けているのは、将帥に権威がなく、部下から軽んじられているしるしである

12　旌旗（せいき）が揺れ動いているのは、混乱に陥っているしるしである

13　幹部将校が部下に八つ当たりするのは、長期の遠征に疲れているのである

14　賞賜を濫発するのは、窮地に立たされている証拠である

15　刑罰を濫用するのは、どうにもならない状態に追い込まれている証拠である

16　使者をよこしてわびを入れてくるのは、軍に休養を与えようとしているのである

17　たくさんの贈物を持参し、ご機嫌をとり結んでくるのは、味方につけようとしているのである

ソレ兵起コリテ静カナルハ、ソノ険ヲ恃ムナリ。迫リテ戦イヲ挑ムハ、人ノ進ムヲ欲スルナリ。衆樹動クハ、車来タルナリ。塵土卑クシテ広キハ、徒来タルナリ。辞彊クシテ進駆スルハ、退クナリ。半バ進ミ半バ退クハ、誘ウナリ。杖シテ行クハ、饑ウルナリ。利ヲ見テモ進マザルハ、労ルルナリ。鳥集スルハ、虚ナリ。夜呼バワルハ、恐ルルナリ。軍擾ルルハ、将重カラザルナリ。旌旗動クハ、乱ルルナリ。吏怒ルハ、倦ムナリ。数賞スルハ、窘ルナリ。数罰スルハ、困シムナリ。来タリテ委謝スルハ、休息ヲ欲スルナリ。幣重クシテ言甘キハ、誘ウナリ。

――「察情」

45 将帥の陣中心得——つねに兵卒と共にし、自らの欲は自重せよ

すぐれた将を目指すなら

1 水を汲んでこないうちから「のどがかわいた」などと言ってはならない
2 食事の仕度がととのわないうちから「腹がへった」などと言ってはならない
3 かがり火をともさないうちから「おお、寒い」などと言ってはならない
4 幔幕(まんまく)を張りめぐらさないうちから「ああ、疲れた」などと言ってはならない
5 夏でも扇(おうぎ)を使わず、雨の日でも蓋(おおい)をかけず、すべて兵卒と共にすべきである

ソレ将タルノ道ハ、軍井汲(ク)マズシテ、将、渇(カツ)ヲ言ワズ。軍食熟(ニ)エズシテ、将、饑(キ)ヲ言ワズ。軍火然(モ)エズシテ、将、寒ヲ言ワズ。軍幕施サズシテ、将、困(コン)ヲ言ワズ。夏ニモ扇ヲ操(ト)ラズ、雨ニモ蓋(カサ)ヲ張ラズ、衆ト同ジクス。

——「将情」

46 軍法遵守——組織に規律と秩序を保つ基本

将帥はたった一人で、百万もの部下将兵に臨む。それでいて、部下は肩をすくめ息をこらして服従し、だれ一人として命令に逆らう者がいない。なぜだろうか。それは、軍法が厳然として行われているからである。

逆に、将帥に刑罰の権限がなく、部下に礼と義がなかったらどうなるか。天下に君臨し、四海の富を集めていても、早晩、自滅の道をたどることはまちがいない。夏の桀王、殷の紂王がそのよい見本である。

これに対し、しっかりと軍権を掌握し、軍法と賞罰をもって臨むなら、部下は一人として命令に逆らわなくなる。孫武、司馬穰苴のような名将がそのよい例である。

将帥たる者は、けっして軍法を軽視してはならない。

ソレ一人ノ身ニシテ、百万ノ衆、肩ヲ束(ツカ)ネ息ヲ斂(オサ)メ、足ヲ重ネテ俯(フ)シテ聴キ、アエテ仰ギ視ル者ナキハ、法制然(シカ)ラシムルナリ。モシスナワチ上ニ刑罰ナク、下ニ礼義ナクバ、貴ハ天下ヲ有(タモ)チ、富ハ四海ヲ有ツトイエドモ、ミズカラ免(マヌガ)ルルアタワザルハ、桀・紂ノ類ナリ。ソレ兵ノ権ヲモッテ、コレヲ制スルニ法令ヲモッテシ、コレヲ威(オド)スニ賞罰ヲモッテシテ、人ソノ命ニ逆ラウアタワザルハ、孫武・穰苴(ジョウシヨ)ノ類ナリ。故ニ令ハ軽ンズベカラズ、勢ハ逆ラウベカラズ。

——「威令」

〈夏の桀王・殷の紂王〉 ともに古来、暴君の見本とされてきた二人の王。

〈司馬穰苴(じょうしょ)〉 春秋時代の斉の名将。兵法書『司馬法』は彼の著とされる。

47 東夷——みだりに事を構えるなかれ

東夷（とうい）、すなわち東方の異民族は、いささか礼儀に欠け、短気で、戦闘的である。山を背にし海を堀とし、天然の要害によって守りを固め、国内の乱れもなく、人民は平和な生活を楽しんでいる。

よって、彼らとみだりに事を構えてはならない。

もし内乱が発生すれば、間諜（かんちょう）を潜入させて離間工作にあたらせ、相手の隙につけこむ。徳をもって入朝を促すもよし、武装した兵士を派遣して討つもよし、いずれにしても相手を屈服させることができる。

◇◇◇◇◇

東夷ノ性、薄礼少義、捍急（カンキュウ）ニシテヨク闘イ、山ニ依リ海ヲ塹（ホリ）トシ、険ニ憑（ヨ）リテミズカラ固メトシ、上下和睦シ、百姓安楽ニシテ、イマダ図ルベカラズ。若（モ）シ上乱レ下離レナバ、モッテ間ヲ行ウベシ。間起コラバ隙生ジ、隙生ゼバ徳ヲ修メテモッテコレヲ来タラシメ、甲兵ヲ固クシテコレヲ撃ツ。ソノ勢必ズ克タン。

――「東夷」

〈**東夷**〉東方の野蛮人という意味である。昔、日本人を卑しめて語った言葉でもある。

48 南蛮——長期の遠征は避けるべし

南蛮、すなわち南方の異民族は種族が多いうえ、いずれも教化がむずかしい。互いに連合して事にあたり、ややもすると反乱を起こし、洞窟、山嶽等にたてこもって執拗に抵抗する。西は崑崙山脈から東は海洋にいたる広い地域に分散し、海からは奇貨を産する。人々は貪欲で勇敢に戦い、春と夏はとくに伝染病が多発する。それゆえ出兵にさいしては、速戦即決を旨とし、長期の遠征は避けねばならない。

南蛮ハ種多ク、性、教ウルアタワズ。朋党ヲ連合シ、意ヲ失ワバアイ攻ム。洞ニ居リ山ニ依リ、アルイハ聚マリアルイハ散ジ、西ハ崑崙ニ至リ、東ハ洋海ニ至リ、海ハ奇貨ヲ産ス。故ニ人ハ貪ニシテ戦イニ勇ミ、春夏疾疫多シ。利ハ疾戦ニ在リ、師ヲ久シュウスベカラズ。

——「南蛮」

49 西戎——これを打ち破ること難し

西戎（せいじゅう）、すなわち西方の異民族は、勇敢で、利益に敏感である。町に住む者もいるが、草原に野営する者もいる。米穀は少ないが、金貨が多く、人々は勇敢に戦うので、これを打ち破ることはむずかしい。

大砂漠以西は種族が多く、土地は広くかつ険阻である。彼らは力を恃んで抵抗し、容易に頭を下げない。だが、外交関係の破綻、内乱発生等の機会をとらえれば、打ち破ることも可能である。

◇◇◇◇◇◇◇◇◇

西戎ノ性ハ、勇悍ニシテ利ヲ好ミ、アルイハ城ニ居リ、アルイハ野ニ処（オ）リ、米糧少ナクシテ、金貝（キンバイ）多シ。故ニ人ハ戦闘ニ勇ニシテ、敗（ヤブ）ラレ難シ。磧石（セキセキ）ヨリ以西ハ、諸戎ノ種繁ク、地ハ広ク形ハ険ニシテ、俗、彊ヲ負（タノ）ミテ很（アラソ）イ、故ニ人、臣セザルモノ多シ。マサニコレヲ候(ミ)ルニ外釁(ガイキン)ヲモッテシ、コレヲ伺(ウカガ)ウニ内乱ヲモッテスレバ、破ルベシ。

――「西戎」

◇◇◇◇◇

〈西戎〉 かつて中国の西方に住んでいた人々をこう呼んだ。「戎」とは野蛮人という意味である。

50 北狄――すすんで戦いを挑むなかれ

北狄（ほくてき）、すなわち北方の異民族は、定まった集落をつくらず、水と草を求めて移動する。勢力が強くなると南の中国に侵攻し、勢力が弱まると北へ逃げていく。北方に連なる山脈と広大な砂漠地帯は彼らを守る自然の塞（とりで）となっており、腹がすけば獣を捕（と）らえて乳を飲み、寒さがくれば皮に寝、裘（かわごろも）をまとい、狩猟と戦闘に明け暮れている。道徳をもって手なずけることもできないし、武力をもって討伐することもできない。彼らは、わが漢軍の手には負えないのである。

なぜか。その理由は三つある。

1 わが漢の兵卒は耕作と戦闘の二つを兼ねているので、疲労困憊していて戦闘意欲に乏しい。一方、北狄は牧畜・狩猟だけにたずさわっているので、余力をたくわえて闘志満々としている。疲労困憊していて戦闘意欲に乏しい者が、余力をたくわえて闘志満々としている者に立ち向かう。これでは初めからかなうわけがない

2 漢軍は徒歩にたより、一日に百里の道のりを行軍する。ところが北狄はもっぱら騎馬にたより、この倍の道のりを走らせる。だから漢軍が北狄を追撃するときは食糧を携帯し甲冑をつけて後からつけて行く。ところが北狄が漢軍を追撃するときは、騎馬を疾駆させながら包囲し、周囲をぐるぐる回っている。これでは勝負にならない

3 漢軍には歩兵が多く、北狄はことごとく騎馬である。陣地の争奪戦となると、騎馬の速度は歩兵とは比べものにならない。この速度の違いはいかんともしがたい

この三つの理由で、北狄には戦いを挑むべきではない。

では、最悪の事態にどう対処するか。

国境の守りを固めるのが上策である。

それにはまず良将を選んで司令官に任命し、精鋭を訓練して守りにつかせ、屯田をおこし、物見台をおいて相手の動きを監視する。そして相手の隙に乗じ、あるいは勢いの衰えたところを見はからって攻撃をかける。

こうすれば、わずかの費用で、しかも将兵を損傷することもなく、北狄の侵攻をくいとめ、その圧力を減少させることができる。

北狄ハ城郭ナキニ居リ、水草ニ随逐（ズイチク）シ、勢利ナレバ南ニ侵（オカ）シ、勢失ワバ北ニ遁（ニ）グ。長山広磧ハ、モッテミズカラ衛（マモ）ルニ足リ、饑ウレバ獣ヲ捕エテ乳ヲ飲ミ、寒（コゴエ）レバ皮ニ寝（イ）ネ裘（キュウ）ヲ服ス。奔走射猟シ、殺ヲモッテ務メトス。道徳ヲモッテコレヲ懐（ナツ）クベカラズ、兵戎ヲモッテコレヲ服スベカラズ。漢トモニ戦ウベカラズ。

ソノ略ニ三アリ。漢卒ハカツ耕シカツ戦ウ。故ニ疲レテ怯（オ）ヅ。虜（リョ）ハ但ダ牧猟ス。故ニ逸ニシテ勇ナリ。疲ヲモッテ逸ニ敵シ、怯ヲモッテ勇ニ敵スルハ、アイ当タラズ。コレ戦ウベカラザルノ一ナリ。漢ハ歩ニ長ジ、日ニ百里ヲ馳（ハ）スルモ、虜ハ騎ニ長ジ、日ニスナワチコレニ倍ス。漢、虜ヲ逐（オ）ワバ、糧ヲ齎（モ）チ甲ヲ負イテコレニ随（シタガ）ウ。虜、漢ヲ逐ワバ、騎ヲ駆疾（クシツ）シテコレヲ運（メグ）ル。運負ノ勢スデニ殊（コト）ナリ、走逐ノ形等シカラズ。コレ戦ウベカラザルノ二ナリ。漢ノ戦イハ歩多ク、虜ノ戦イハ騎多シ。地形ノ勢ヲ争ワバ、騎ハ歩ヨリモ疾(ハヤ)シ。遅疾(チシツ)ノ勢県(ヘダタ)ル。コレ戦ウベカラザルノ三ナリ。已(ヤ)ム得ザレバ、辺ヲ守ルニ若(シ)カズ。辺ヲ守ルノ道ハ、良将ヲ揀(エラ)ンデコレニ任ジ、鋭士ヲ訓(オシ)エテコレヲ禦(フセ)ギ、営田ヲ広メテコレヲ実(ミ)タシ、烽堠(ホウコウ)ヲ設ケテコレヲ待チ、ソノ虚ヲ候(ミ)テコレニ乗ジ、ソノ衰ニ因リテコレヲ取ル。所謂(イワユル)資費(ツイエ)ズシテ寇(コウ)ミズカラ除カレ、人疲レズシテ虜ミズカラ寛(ユル)マン。 ――「北狄」

◇◇◇◇◇◇◇◇◇◇◇◇◇◇◇◇◇◇◇◇

三国時代の周辺異民族

中国人はかつて周辺異民族を総称して「胡(こ)」と呼びならわしてきた。このことばには、文明の及ばぬ「化外(かがい)の民」、つまり野蛮人というニュアンスが含まれている。一種の蔑称であると言っていい。「胡」をもっと具体的に言いあらわしたのが、東夷、南蛮、西戎、北狄ということばである。その内容は時代によって少しずつ異なっているが、中国に対して、もっとも大きな脅威を与え続けてきたのが遊牧騎馬民族の北狄であって、西戎がこれにつぎ、南蛮、東夷はあまり問題にならない。

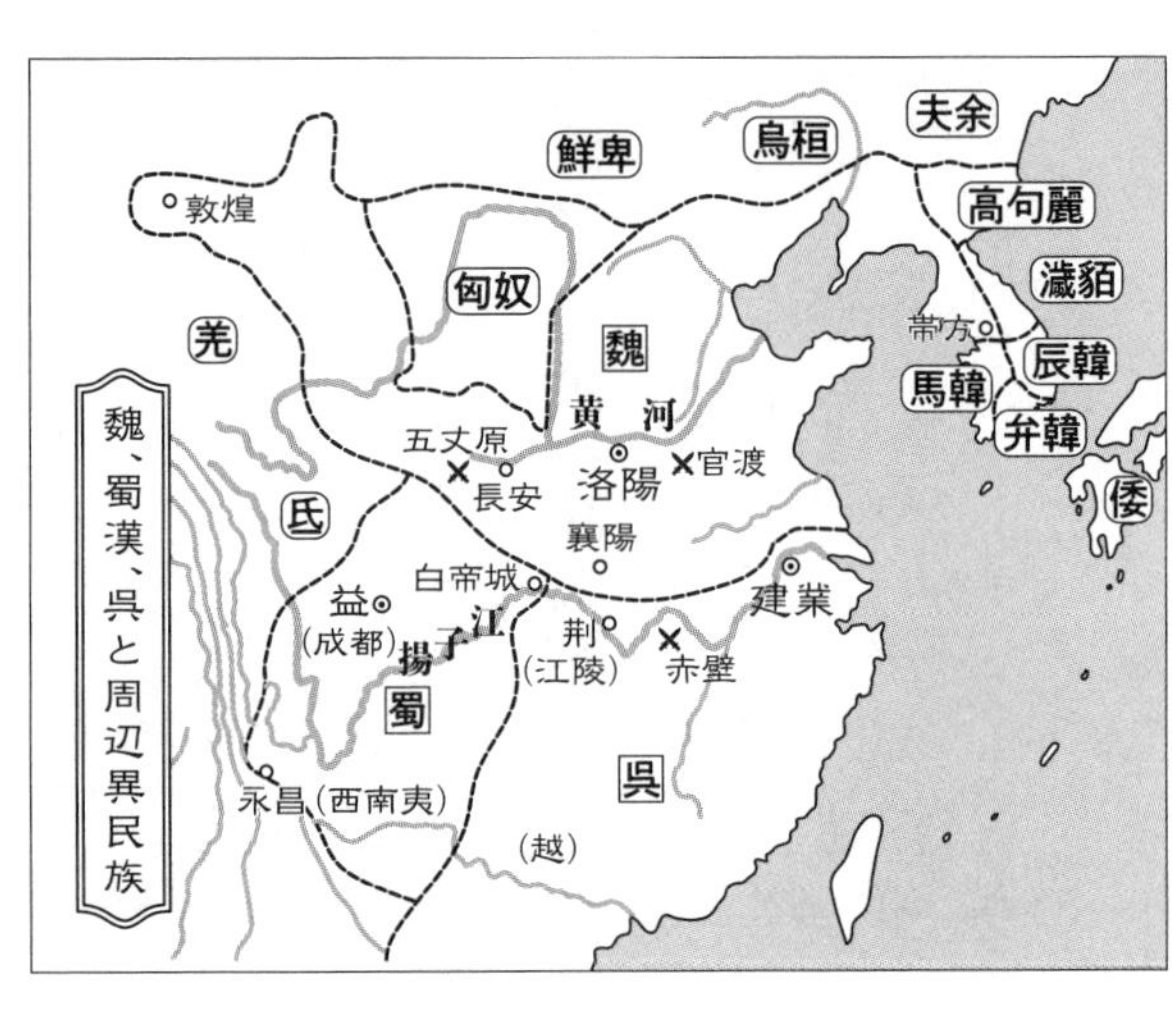

魏、蜀漢、呉と周辺異民族

三国時代の周辺民族の動きをかいつまんで紹介しておこう。

まず北狄であるが、秦の始皇帝のころから漢代の初期にかけて猛威を振るった匈奴(きょうど)の勢力は、武帝のあいつぐ大規模な遠征によって大幅に弱められていたが、後漢の時代になると、さらに南北に分裂し、南匈奴は南下して中国に服属し、北匈奴は西方に民族移動をした。そのあとを埋めるようにして北方に勢力を伸ばしてきたのが、烏桓(うがん)(丸)、鮮卑(せんぴ)と呼ばれるモンゴル族である。烏桓は二〇七年、魏の曹操に平定されて壊滅したが、鮮卑はその後も勢力を持ち続けた。

西戎には、羌(きょう)、氐(てい)などチベット系の民族がいて、服属と抵抗を繰り返しながら勢力を伸長し、来たるべき「五胡十六国時代」には、一方の主役にまでのしあがってくる。

東に目を転ずると、東北地区から朝鮮半島にかけては、夫余、濊貊といった民族が住み、高句麗が国家の形成を終え、すでに後漢の時代から中国と接触をもっていた。朝鮮半島南部は部族国家の連合体とでもいうべき馬韓、辰韓、弁韓の「三韓」から成り、その東方海上には倭（日本）があって、それぞれに民族国家の形成に向かおうとしている。彼らは中国と朝貢関係にあった。倭については「倭人は帯方東南の大海の中に在り、山島に依りて国邑を為す」で始まる『三国志』魏書東夷伝の記載があまりにも有名である。

なお、南には、「越」とか「西南夷」と総称された少数民族の勢力があって、呉や蜀漢を背後から脅かしていた。以上が、当時中国と折衝を持っていた周辺異民族の動向である。

第3章

便宜(べんぎ)十六策【兵法論・政治論】

勝ちにこだわるリーダーの戦略実行・人事・賞罰

本章に収録するのは『諸葛亮集』に収められている「便宜十六策」の部分訳である。原文は、治国、君臣、視聴、納言、察疑、治人、挙措、考黜、治軍、賞罰、喜怒、治乱、教令、斬断、思慮、陰察の十六篇から成っているが、ここでは兵法論を展開している治軍と斬断の二篇、それに政治論のエッセンスともいうべき考黜、賞罰、思慮の三篇を訳出した。

もちろん、政治論といっても、兵法論の延長線上にあることは、いうまでもない。本篇についても、後の人が孔明の名をかりて偽作したという説があるが、治軍の一部と斬断のほとんど全文が他の古い書にも『武侯兵法』からの引用として引かれているところからみて、こちらのほうが前章の「将苑」よりも、原「諸葛孔明の兵法」に近いということは、いえるかもしれない。思想的には、本篇にも『孫子』の強い影響が看取される。

1　軍事の要諦——やむをえずしてこれを用う

軍備に力を注ぐのはなぜか。

国境の守りを固め、大乱に備えるためである。軍備があるからこそ、国の威武を輝かし、暴虐（ぼうぎゃく）を誅（ちゅう）し、国を安泰に導くことができるのだ。

国にはかならず軍備がなければならない。虫けらでも爪牙（そうが）を備えていて、ふだんは嬉々としてたわむれているが、いったん、おのれを害しそうな相手にぶつかると、猛然とかみついていく。人間は爪牙を持たない。それゆえ、武器を備えて、自らの身を守るのである。国の場合も同じこと、軍備をととのえて守りを固めなければならない。

軍が強ければ国は安泰であり、軍が弱ければ滅亡の危機にさらされる。その鍵を握っているのは将帥であり、軍の強弱はひとえに将帥の双肩にかかっている。将帥たるものがその責任も果たせないようでは、人民の上に立つ資格もないし、君主の輔佐としての役目も務まらない。また、軍を統轄していくこともできない。

国を治めるには「文」をもってし、軍を治めるには「武」をもってしなければならない。また、国を治めるには、外、つまり戎狄（異民族）を手なずけ、軍を治めるには、内、つまり国内諸侯を慰撫しなければならない。戎狄を服属させるには、説得をもってするよりも、威武を示すほうがてっとり早い。したがって、彼らに対しては、まず礼をもって接し、ついで威武をもって臨むことが肝要である。

かつて黄帝は暴虐な蚩尤を涿鹿の野に討ち、堯は丹水のほとりに軍を進めて三苗（蛮族）を討伐した。

さらに舜は有苗（蛮族）を、禹は有扈（蛮族）を討った。このように、五帝三王のような至聖の君主でも、徳をもってして駄目な場合は、やむなく威武をもって臨んだのである。

これで見ても明らかなように、軍備は「凶器」であって、万やむをえざるときに使用するものだが、それを無視しては国の存立すら危うくなる。

治軍ノ政トハ、辺境ヲ治メルノ事、大乱ヲ匡救（キョウキュウ）スルノ道ニシテ、威武ヲモッテ政ヲナシ、暴ヲ誅シ逆ヲ討チ、国家ヲ存シ社稷（シャショク）ヲ安ンズルユエンノ計ヲ謂ウ。ココヲモッテ文事アレバ必ズ武備アリ。故ニ含血（ガンケツ）ノ蠹（ト）ニハ、必ズ爪牙（ソウガ）ノ用アリテ、喜ベバ共ニ戯（タワム）レ、怒レバアイ害ス。人ニハ爪牙ナシ。故ニ兵革（ヘイカク）ノ器ヲ設ケテ、モッテミズカラ輔衛（ホエイ）ス。故ニ国ハ軍ヲモッテ輔（ホ）トナシ、君ハ臣ヲモッテ佐（サ）トナス。輔彊（ツヨ）ケレバ国安ク、輔弱ケレバ国危シ。任ズルトコロノ将ニ在ルナリ。民ノ将ニアラズ、国ノ輔ニアラズ、軍ノ主ニアラズ。故ニ国ヲ治ムルハ文ヲモッテ政ヲナシ、軍ヲ治ムルハ武ヲモッテ計ヲナス。国ヲ治ムルニハモッテ外ヲ従エザルベカラズ。軍ヲ治（オサ）ムルニハモッテ内ヲ従エザルベカラズ。内トハ諸夏（ショカ）ヲ謂イ、外トハ戎狄（ジュウテキ）ヲ謂ウ。戎狄ノ人ハ、理ヲモッテ化シ難ク、威ヲモッテ服シ易シ。礼ハ任ズルトコロアリ、威ハ施ストコロアリ。ココヲモッテ黄帝ハ涿鹿（タクロク）ノ野ニ戦イ、唐堯（トウギョウ）ハ丹浦ノ水ニ戦イ、舜ハ有苗ヲ伐チ、禹ハ有扈（ユウコ）ヲ討ツ。五帝三王至聖ノ主ヨリ、徳化カクノゴトク、ナオコレニ加ウルニ威武ヲモッテス。故ニ兵ハ凶器ニシテ、已（ヤ）ムヲ得ズシテコレヲ用ウ。

——「治軍」

伝家の宝刀としての軍備

「兵は凶器にして、已むを得ずしてこれを用う」という思想は、中国のすべての兵法書に共通した認識として流れている。たとえば『孫子』には「兵は国の大事、死生の地、存亡の道」(計篇)とあるし、『孫臏兵法』には「兵は楽しむところにあらず」とある。また『老子』にも「兵は不祥(ふしょう)の器」といった表現が見出される。軍備はあくまでも「伝家の宝刀」であって、やたらに行使してはならないのである。

〈黄帝〉 伝説上の太古の帝王。『史記』によれば、姓を公孫、名を軒轅(けんえん)という。

〈蚩尤〉 黄帝の治世に、一人命に服さず反乱を企てたので、誅殺された。

〈 堯 〉 伝説上の帝王で、彼から位を譲られた舜、そしてその後を継いだ夏王朝の禹とともに、聖天子と称されてきた。堯はおくりなで、姓は伊祁(いき)、名は放勲(ほうくん)、黄帝の曽孫にあたる帝嚳(ていこく)の子であるという。その治世中、四方の天文暦数を定め、天下はよく治まったといわれる。

2 軍事行動の準備──準備なくして勝利は得られず

軍事行動は、十分な準備をととのえてから起こさなければならない。その準備とは次の各項を含む。

1 「天地の道」を明らかにする
2 人心の動向を察知する
3 戦闘訓練を重ねる
4 賞罰のけじめを明らかにする
5 敵の戦略戦術を研究する
6 道路の険阻を調査する
7 安全なルートと危険なルートを選別する

8 彼我の戦力を分析する
9 進退のタイミングに精通する
10 好機を選ぶ
11 守りを固める
12 戦意の高揚をはかる
13 兵卒の能力を引き出す
14 綿密な作戦計画を立てる
15 死地に赴く覚悟を固める

以上の準備をととのえたところで出動を命ずれば、勝利はわがものとなる。これが軍事行動を起こす場合の鉄則である。

××××××××

ソレ用兵ノ道ハ、先ズソノ謀ヲ定メ、然ル後スナワチソノ事ヲ施ス。天地ノ道ヲ審(ツマビラカ)ニシ、衆人ノ心ヲ察シ、兵革ノ器ヲ習イ、賞罰ノ理ヲ明ラカニシ、敵衆ノ謀ヲ観(ミ)、道路ノ険ヲ視(ミ)、安危ノ処ヲ別ニシ、主客ノ情ヲ占イ、進退ノ宜ヲ知リ、機会ノ時ニ順イ、守禦ノ備エヲ設ケ、征伐ノ勢ヲ彊メ、士卒ノ能ヲ揚ゲ、成敗ノ計ヲ図リ、生死ノ事ヲ慮リ、然ル後スナワチ軍ヲ出ダシ将ヲ任ジ、敵ノ勢ヲ張禽スベシ。コレ軍ヲナスノ大略ナリ。

——「治軍」

◇◇◇◇◇◇◇◇◇

準備と見通し

「準備のない戦いはするな」「勝算のない戦いは避けよ」と言っているのは毛沢東であるが、たしかに準備なくして勝利への見通しは立たない。毛沢東は、こうもいっている。

「戦略的指導者は、一つの段階にあるとき、その後の段階、少なくとも次の段階の計算はしておかねばならない。予測は困難で、あまり先のことは、ぼんやりかすんでしまうかもしれない。それにしても大まかな計算くらいはできるし、将来の見通しを立てることは必要なのである」(中国革命戦争の戦略問題)。

同じようなことは『孫子』でも強調されている。

「戦争の見通しは、開戦に先立って立てられていなければならない。勝つか負けるかは、見通しのいかんにかかっている。勝利の見通しが確実ならば勝てるが、あやふやであれば勝利はおぼつかない。まして見通しを立てようともしない者が、勝てるはずはないのだ」(計篇)。

このような見通しは、十分な準備があって初めて立てられるのである。

3 作戦計画の策定と執行——どんな強敵も撃破する戦略と実行

将たる者は、部下将兵の命をあずかり、国の安危を担っている。したがって、戦いに赴くまえに、まず万全の作戦計画を定めてかからねばならない。その命令は激流のように速やかに行きわたり、獲物にとびかかるさまは鷹や隼のようにすばしこく、その静かなることは満々と引きしぼった強弩のように、その動くさまは作動する機関のようにダイナミックでなければならない。そうあってこそ、向かうところ敵なく、どんな強敵でも撃破できるのである。

将たる者が思慮に欠け、兵卒の気勢もあがらない。しかも心が互いにばらばらのまま、しゃにむに戦争に臨むなら、たとい百万の大軍を擁していても、敵に脅威を与えることができない。そんな軍は烏合の衆にすぎない。

作品の出来ばえを評価するには、名工魯般の目が必要とされるが、それと同じように、作戦計画の立案には孫武の謀が必要とされるのである。

◇◇◇◇◇◇◇◇◇◇◇◇◇◇◇◇◇◇◇◇◇◇◇◇◇◇◇◇◇◇

ソレ将タル者ハ、人ノ司命、国ノ利器ナリ。先ズソノ計ヲ定メ、然ル後スナワチ行ウ。ソノ令スルコト、漂水ノ暴流スルガゴトク、ソノ獲ルコト、鷹隼ノ物ヲ撃ツガゴトク、静カナルコト、弓弩ノ張ルガゴトク、動クコト、機関ノ発スルガゴトシ。向カウトコロノ者破レ、シカシテ勍敵ミズカラ滅ブ。将ニ思慮ナク、士ニ気勢ナク、ソノ心ヲ斉シクセズシテソノ謀ヲ専ニスレバ、百万ノ衆アリトイエドモ、敵懼レズ。讎ニアラザレバ怨ミズ。敵ニアラザレバ戦ワズ。工ハ魯般ノ目ニアラザレバ、モッテソノ工ノ巧ミナルヲ見ルナシ。戦イハ孫武ノ謀ニアラザレバ、モッテソノ計運ヲ出ダスナシ。

――「治軍」

〈魯般〉公輸般ともいう。戦国時代、楚王のために「雲梯」という攻城兵器をつくって宋の国を攻めようとしたが、非戦主義者墨子との模擬戦に敗れ、宋を攻めるのを断念したといわれる。

4 用兵の極意――将が威厳を保てば、兵卒は死力を尽くす

作戦計画はあくまでも秘密にしなければならない。敵を攻撃するときは疾風のごとく、捕捉殲滅するときは鷹が獲物をねらうように迅速であらねばならない。そして戦いはすべからく奔流する河川のように一気に決着をつけねばならない。こうあってこそ、味方を損耗することなく敵を打ち破ることができるのだ。

戦上手は感情に左右されない。万全の作戦計画を練りあげた者は敵を恐れない。そもそも智者は戦をしかけるまえに万全の作戦計画を立てて勝利を不動のものとする。これに対し愚者は、勝利の見通しも立たないまま、やみくもに戦をしかけ、そのあとで活路を見出そうとする。

勝者は道なりに進もうとするが、敗者は近道を選んで結局は道に迷う。やることが、あべこべなのである。

将たる者があるべき威厳を保ち、兵卒はそれぞれの持ち場で死力を尽くす。そうあってこそ、軍は本来の力を発揮することができる。それはちょうど丸い石を坂の上から転がすようなもので、どこにもムリがなく、立ちふさがるものすべてをなぎ倒すことができる。かくて軍は無敵の強さを発揮するのだ。

これが用兵の極意である。

ソレ計謀ハ密ナランコトヲ欲シ、敵ヲ攻ムルハ疾(ハヤ)カランコトヲ欲ス。獲ルコト鷹ノ撃ツガゴトク、戦ウコト河ノ決スルガゴトクナラバ、兵イマダ労セズシテ敵ミズカラ散ズ。コレ用兵ノ勢ナリ。故ニヨク戦ウ者ハ怒ラズ、ヨク勝ツ者ハ懼(オソ)レズ。ココヲモッテ智者ハ先ニ勝チテ而(シカ)ル後ニ戦イヲ求ム。闇(クラ)キ者ハ先ニ戦イテ而ル後勝チヲ求ム。勝ツ者ハ道ニ随イテ途(ミチ)ヲ修メ、敗ル者ハ斜行シテ路ヲ失ウ。コレ順逆ノ計ナリ。将ハソノ威ヲ服シ、士ハソノ力ヲ専ニスレバ、勢虚シク動カズ。運(メグ)ラスコト円石ノゴトク、高キ従(ヨ)リ下ニ墜(オ)ツレバ、向カウトコロノ者ハ砕(クダ)ケテ、救イ止ムベカラズ。ココヲモッテ前ニ敵ナク、後ニ敵ナシ。コレ用兵ノ勢ナリ。

——「治軍」

自然の流れと加速度

用兵の極意は、①ムリをしないこと、つまり自然の流れに従い、道なりに進むこと、②流れに乗って加速度をつけ、破壊力を倍加させることだ、と言う。これは用兵だけではなく、処世そのものの心得でもある。

また、智者は戦いを仕掛けるまえに、万全の作戦計画を立ててかかるのに対し、愚者は勝利の見通しも立たないまま、やみくもに戦いをしかけるのだと言う。えらい違いではないか。このあたりもしっかり学んでおきたい。

5 奇計と正攻の組み合わせ——剛柔備えた変幻自在の作戦行動

軍事行動にさいしては、奇計と智謀を重んじ、剛柔あいまった作戦計画を立てねばならない。

時には暴風雨のごとく迅速に、時には揚子江や海洋のごとく悠然と、時には泰山のごとくどっしりと構える。そして、陰陽のごとく意表を衝き、大地のごとく尽きることなく、天のごとく力にあふれ、揚子江や黄河の流れのごとく繰り出し、三光（日、月、星）、四季、五行の循環するがごとく継続的にしかけなければならない。このように、奇（奇襲作戦）と正（正攻法）を組み合わせ変幻自在な作戦行動をとってこそ、勝利することができるのである。

しかし、それだけでは十分とは言えない。軍事行動を起こすには、武器・軍糧の調達が不可欠の条件となるが、それらの買い付けに走れば、往々にして物価の騰貴を招き、人民に苦しみをしいる結果となるので、十分な注意が必要である。また、遠征には輜重(しちょう)の問題がからんでくる。その点を考えれば、攻撃は一回かぎりにとどめ、三回、四回の連戦は避けねばならない。つねに国力の限界を考慮に入れ、無駄な国力の損耗を避ける必要がある。

無駄な損耗を避け、無能な人物を登用しなければ、その国は安泰だ。

◇◇◇◇◇◇◇◇◇◇◇◇◇◇◇◇◇◇◇◇◇◇◇◇◇◇◇◇◇

故ニ軍ハ奇計ヲモッテ謀トナシ、絶智ヲモッテ主トナシ、ヨク柔ニヨク剛ニ、ヨク弱ニヨク彊ニ、ヨク存シヨク亡シ、疾(ハヤ)キコト風雨ノゴトク、舒(ユルヤ)カナルコト江海ノゴトク、動カザルコト泰山(タイザン)ノゴトク、測リ難キコト陰陽ノゴトク、窮リナキコト地ノゴトク、充実セルコト天ノゴトク、竭(ツ)キザルコト江河ノゴトク、終始スルコト三光ノゴトク、生死スルコト四時ノゴトク、衰旺(スイオウ)スルコト五行(ゴギョウ)ノゴトク、奇正アイ生ジテ、窮ムベカラズ。故ニ軍ハ糧食ヲモッテ本トナシ、兵ハ奇正ヲモッテ始メトシ、器械ヲ用トナシ、委積ヲ備エトス。故ニ国ハ貴ク買ウニ困(クル)シミ、遠ク輸(イタ)スニ貧スル。攻メハ再ビスベカラズ、戦イハ三タビスベカラズ。力ヲ量(ハカ)リテ用イ、用イルコト多ケレバ費(ツイ)ユ。益ナキヲ罷去(ヒキョ)スレバ、国、寧(ヤス)ンズベシ。能ナ

∞ キヲ罷去スレバ、国、利トスベシ。 ——「治軍」

奇正の変化

奇正とは古代中国の軍事用語。「奇」とはその時々の情況に応じた作戦方法、「正」とは一般的、かつ原則的な作戦方法を指す。したがって正攻法を「正」とするなら、奇襲は「奇」、正面攻撃を「正」とするなら、迂回作戦や側面攻撃は「奇」、本隊の作戦行動を「正」とするなら、遊撃・機動部隊の作戦行動は「奇」ということになる。

「奇正の変は勝げて窮むべからず。……だれかよくこれを窮めんや」（『孫子』勢篇）とあるように、奇正の変化とその多様な組み合わせを把握することが、勝利する鍵だとされる。基本とその応用を二つながらマスターせよ、ということであろうか。

6 作戦指導の秘訣——地の利、時の利をもって攻撃に備えよ

攻めの巧みな者にかかると、相手はどう守ってよいかわからなくなる。逆に、守りの巧みな者にかかると、相手は攻める糸口さえつかめない。なぜなら、攻めの巧みな者は武器を頼りとしないし、守りの巧みな者は城などあてにしないからだ。これで明らかなように、高い城を築き深い堀をめぐらしたところで、それだけでは守りを固めたことにはならない。また、堅固な甲（かぶと）をかぶり鋭利な武器を手にしたところで、それだけでは精鋭な軍とはなりえないのである。

敵が守りを固めたら、どうするか。手薄なところを攻めるがよい。

敵が陣をはらって動き出したら、どうするか。不意を衝くがよい。

敵味方、双方が出動したらどうするか。地の利を選んで陣を布（し）くがよい。

味方が出動したのに敵が鳴りをひそめている場合はどうするか。左右両翼を攻める

がよい。

敵が数カ国の連合軍ならどうするか。まずその主力をたたくがよい。

地の利を知らず、時の利もわきまえず、敵の攻撃に備えようとすれば、兵力の分散を招くだけである。要は頭を使うことだ。強者と弱者、勇敢な者と臆病者をうまく組み合わせ、前後左右の連携をたしかめながら、「常山（じょうざん）の蛇」のように全軍一体となって機敏に行動しなければならない。これがまた兵卒の損害を最小限にくいとめるコツでもある。

ソレヨク攻ムル者ハ敵ソノ守ルトコロヲ知ラズ。ヨク守ル者ハ敵ソノ攻ムルトコロヲ知ラズ。故ニヨク攻ムル者ハ兵革ヲモッテセズ、ヨク守ル者ハ城郭ヲモッテセズ。ココヲモッテ高城深池ハモッテ固キトナスニ足ラズ。堅甲鋭兵ハモッテ彊（ツヨ）キトナスニ足ラズ。敵、固ク守ラント欲セバ、ソノ備エナキヲ攻ム。敵、陣ヲ興（オコ）サント欲セバ、ソノ不意ニ出ヅ。我往キ敵来タラバ、謹（ツツシ）ンデ居ルトコロヲ設ク。我起（タ）チ敵止マラバ、ソノ左右ヲ攻ム。ソノ敵ニ合スルヲ量（ハカ）リ、先ズソノ実ヲ撃ツ。守ル地ヲ知ラズ、戦ウ日ヲ知ラズ、備ウベキ者衆（オオ）クバ、専ラ備エル者寡（スクナ）シ。慮ヲ

モッテアイ備エ、彊弱アイ攻メ、勇怯（ユウキョウ）アイ助ケ、前後アイ赴キ、左右アイ趨（ハシ）リ、常山ノ蛇ノゴトク、首尾倶（トモ）ニ到ル。コレ兵ヲ救ウノ道ナリ。　――「治軍」

◇◇◇◇◇◇

〈常山の蛇〉『孫子』九地篇に次のことばがある。「よく兵を用うる者は、たとえば率然（そつぜん）のごとし。率然とは常山の蛇なり。その首を撃てば尾至り、その尾を撃てば首至り、その中を撃てば首尾ともに至る」。全軍一体となって、機敏に行動することにたとえているのである。

7 情報戦と地形戦――敵情把握の6つの視点、地形利用の5つの方法

勝ちを収める者は、全軍に威令を貫徹し、戦場となる土地の地形、地勢を把握して、自ら作戦計画を立てる。

味方の態勢をととのえるには、しっかりと敵情を把握しなければならない。それは次の方法による。

1 十分に戦局を検討し、彼我の優劣を計算する
2 誘いをかけてみて、敵の出方を観察する
3 種々の情報を総合して、敵の兵力を算定する
4 作戦行動を促して、敵の布陣している地形の有利不利をつかむ
5 情報を集めて、敵兵士の戦闘意欲を知る

6　小競(こぜ)り合いをしかけて、敵陣の強弱を判断する

これだけ情報を集めれば、味方は有利な地形に布陣して不利な地形に布陣した敵を撃つことができる。また、戦力の充実した敵を避けて、相手の隙につけこむこともできる。

戦いかたは、地形に応じて異なってくる。

1　丘陵地帯での戦いは、低地に陣して高地に陣する敵を攻めてはならない
2　水上での戦いは、下流に陣して上流に陣する敵を攻めてはならない
3　草原での戦いは、深く生い茂った箇所に軍を進めてはならない
4　平地での戦いは、行動の自由な地に陣すべきである
5　道路上での戦いは、部隊を散開させることができない。単独で戦う態勢をとるべきである

それぞれの地形に応じてこのような戦いかたをすれば、勝利を収めることができる。

故ニ勝者ハ威ヲ全ウシテ、コレヲ身ニ謀リ、地ノ形勢ヲ知リテ、予言スベカラズ。コレヲ議シテソノ得失ヲ知リ、コレヲ詐キテソノ安危ヲ知リ、コレヲ計リテソノ多寡ヲ知リ、コレヲ形シテソノ生死ヲ知リ、コレヲ慮リテソノ苦楽ヲ知リ、コレヲ謀リテソノヨク備ウルヲ知ル。故ニ兵ハ生ニ従イテ死ヲ撃チ、実ヲ避ケテ虚ヲ撃チ、山陵ノ戦イハソノ高キヲ仰ガズ、水上ノ戦イハソノ流レニ逆ラワズ、草上ノ戦イハソノ深キニ渉ラズ、平地ノ戦イハソノ虚ニ逆ラワズ、道上ノ戦イハソノ孤ニ逆ラワズ。コノ五者ハ兵ノ利ニシテ地ノ助クルトコロナリ。——「治軍」

8 勢いに乗れば勝つ――兵卒の心を一つにして勝ちをもぎとる必勝法則

軍事行動にさいしては、次の諸点に留意しなければならない。

1 勢いに乗れば勝つ
2 作戦計画が漏れれば敗れる
3 輜重(しちょう)が遠距離に及べば食糧不足を来(きた)す
4 乾地に陣すれば水不足に陥る
5 敵にかき乱されれば疲れる
6 平穏にありすぎると緊張感がゆるむ
7 戦いがないと疑いが生じる
8 利を見ると惑いが生じる

9 刑罰を厳しくすると消極的になる
10 賞賜を約束すると積極的になる
11 押され気味になると弱腰になる
12 勢いに乗ると強気になる
13 包囲されると不安にかられる
14 先頭に立つと恐ろしさが先に立つ
15 夜大声をあげると軍中を驚かす
16 闇夜にはとかく混乱が生じやすい
17 道に迷うと作戦に支障を来す
18 追いつめられると身動きがとれない
19 長期遠征は敗戦を招く原因となる
20 事前の作戦計画は大きな支えとなる

それゆえ旌旗をかかげて目に見せ、金鼓を打ち鳴らして耳に聞かせるのである。斧鉞をもって心を一つにととのえ、教令を布告して同じ目的に進ませるのである。賞賜を約束して功を奨励し、誅罰を科して罪を正すのである。

日中の戦いは目がきくので旌旗を用い、夜戦では目がきかないので、火と鼓を使って合図とする。また、教令に従わない不心得者が出たときには斧鉞をもってこれを処断するのである。

◇◇◇◇◇◇◇◇◇◇◇◇◇◇◇◇◇◇◇◇◇◇◇◇◇◇◇◇

ソレ軍ハ勢ヲ用ウルニ成リ、謀漏(モ)ルルニ敗レ、遠輸ニ饑(ウ)エ、井ヲ躬(ミズカラ)スルニ渇シ、煩擾(ハンユウ)ニ労シ、安静ニ佚(イツ)シ、戦ワザルニ疑イ、利ヲ見ルニ惑イ、刑罰ニ退キ、賞賜ニ進ミ、逼(セマ)ラルルニ弱ク、勢ヲ用ウルニ彊ク、囲マルルニ困(クル)シミ、先ニ至ルニ懼(オソ)レ、夜呼バワルニ驚キ、闇昧(アンマイ)ニ乱レ、道ヲ失ウニ迷イ、絶地ニ窮シ、暴卒ニ失イ、予(アラカジ)メ計ルニ得ル。故ニ旌旗ヲ立テテモッテソノ目ニ視セ、金鼓ヲ撃チテモッテソノ耳ニ鳴ラシ、斧鉞(フエツ)ヲ設ケテモッテソノ心ヲ斉(ヒトシ)クシ、教令ヲ陳(ノ)ベテモッテソノ道ヲ同ジクシ、賞賜ヲ興(オコ)シテモッテソノ功ヲ勧メ、誅伐(チユウバツ)ヲ行イテモッテソノ偽リヲ防グ。昼戦ハアイ聞エズ、旌旗コレガタメニ挙(ア)グ。夜戦ハアイ見ズ、火鼓コレガタメニ起コス。教令従ワザルアリ、斧鉞コレガタメニ使ウ。

——「治軍」

9 「九地」と「九変」——戦地の情況に応じた戦いかた

戦いには、戦場となる土地の情況に応じた戦いかたがある。戦場の情況を九つに分類することができる。これを「九地(きゅうち)」という。「九地」にはそれぞれにふさわしい戦いかたがある。これを「九変(きゅうへん)」という。戦いに臨んで「九地」の別を心得ておかなければ、「九変」、すなわち攻撃の九原則を運用して勝利を収めることができない。

戦いにさいしてはまた、陰陽のめぐり、地形の険阻と同時に、相手方参謀の人物、計謀について把握しておかなければならない。この三つを知ることによって、勝利を収めることができるのである。

相手方の参謀を知ることとは、とりもなおさず、敵を知ることである。参謀を知らなければ、相手の戦いかたを知ることができない。相手の戦いかたを知らなければ、勝利もおぼつかない。したがって、戦闘を交えるまえに、相手の参謀はじめ将卒についての詳しい情報を入手しておかねばならない。

九地ノ便ヲ知ラザレバ、九変ノ道ヲ知ラズ。天ノ陰陽、地ノ形名、人ノ腹心、コノ三者ヲ知ラバ、ソノ功ヲ獲処(カクショ)ス。ソノ士ヲ知ルハスナワチソノ敵ヲ知ルナリ。ソノ士ヲ知ラザレバソノ敵ヲ知ラズ。ソノ敵ヲ知ラザレバ、戦ウゴトニ必ズ殆(アヤウ)シ。故ニ軍ノ撃ツトコロ、必ズ先ニソノ左右士卒ノ心ヲ知ル。

――「治軍」

◇◇◇◇◇◇◇◇◇◇◇◇◇

〈九地〉 『孫子』は次のように分類し、あわせて、それぞれの地での作戦方法を指示している。

①散地(さんち)――味方の領内。戦いを避けよ
②軽地(けいち)――敵領内に入ったばかりの地。進攻を続行すべし
③争地(そうち)――彼我争奪の地。先に占拠されたら、攻めてはならぬ
④交地(こうち)――双方とも進攻しやすい地。部隊間の連絡を密にせよ
⑤衢地(くち)――数カ国の勢力が浸透しあっている地。外交交渉を重視せよ
⑥重地(ちょうち)――敵領内に深く進攻した地。現地調達を心掛けよ

⑦圮地（ひち）――山林、高山、湿地帯など行軍困難の地。速やかに通過すべし
⑧囲地（いち）――入り口が狭く、撤退困難の地。計略を用うべし
⑨死地（しち）――速戦即決が不可欠の地。戦いあるのみ

〈九変〉 攻撃にさいして、避けるべき九つの原則。同じく『孫子』にこうある。

①高地に陣どった敵を正面攻撃してはならぬ
②丘を背にした敵を正面攻撃してはならぬ
③わざと逃げる敵を深追いしてはならぬ
④精鋭な敵をまともに攻めてはならぬ
⑤おとりの敵兵にとびついてはならぬ
⑥帰心にかられている敵をむりにおしとどめてはならぬ
⑦敵を包囲したら逃げ道をあけておくべし。決して完全包囲してはならぬ
⑧窮地に陥った敵にうかうか近づいてはならぬ
⑨本国から遠くはなれた敵地に長居は無用である

10 間諜のはたらき――敵情把握に欠かせない5種類のスパイ活動

軍はしばしば「五間（ごかん）」――五種類の間諜を使用し、将帥も彼らの活躍に大きな期待をかける。しかし、間諜の使い方はむずかしい。すぐれた知恵と人格を備えた将帥でなければ、彼らを使いこなすことができないのである。

「五間」が期待どおり敵の情報を知らせてくれれば、安心して人民を動員することができるし、敵の侵略を許すこともない。そして軍は有利な地形を選んで守りを固め、出撃は万やむをえざる場合にとどめることができる。守っては一分の隙も見せず、出撃すれば堂々の威武を示す。敵の進攻がないことを恃（たの）みとするのではなく、敵につけ入る隙を与えないわが備えを恃みとすることができるのである。

また、「五間」の活躍いかんによっては、次のような有利な戦いかたも可能となろう。

1　地の利を得た場所に陣を布いて遠来の敵を待つ
2　十分な休養をとって敵の疲れを待つ
3　腹いっぱい食べて敵の飢えを待つ
4　力を充実させて敵の弱るのを待つ
5　先に有利な地形に陣を布いて、敵が不利な地形に陣するのを待つ
6　大軍を動員して敵の小部隊を待つ
7　戦意を高揚させて敵の闘志が衰えるのを待つ
8　伏兵を置いて敵の襲来を待つ

かくて旌旗(せいき)をかかげ、鼓を打ち鳴らして堂々の陣を布き、敵の前面に立ちふさがり、背後を攪乱する。そして要害の地によって守りを固め、時には利益を与えて撤退を誘い、時には深手を与えて敗走せしめるといったぐあいに硬軟両様の方法で敵に対処すべきである。以上のことを肝に銘じておけば、軍事管理は万全である。

◈　五間ノ道ハ軍ノ親シムトコロ、将ノ厚シトスルトコロニシテ、聖智ニアラザレ

バ用ウルアタワズ、仁賢ニアラザレバ使ウアタワズ。五間ソノ情ヲ得レバ、民用ウベクシテ、国長ク保ツベシ。故ニ兵、生ヲ求ムレバ備エ、已ムヲ得ザレバ闘ウ。静ハモッテ安キヲ理メ、動ハモッテ威キヲ理メ、敵ノ至ラザルヲ恃ムナク、吾ノ撃ツベカラザルヲ恃ム。近ヲモッテ遠ヲ待チ、逸ヲモッテ労ヲ待チ、飽ヲモッテ饑ヲ待チ、実ヲモッテ虚ヲ待チ、生ヲモッテ死ヲ待チ、衆ヲモッテ寡ヲ待チ、旺ヲモッテ衰ヲ待チ、伏ヲモッテ来タルヲ待ツ。整々ノ旌、堂々ノ鼓、マサニソノ前ニ順イテ、ソノ後ヲ覆シ、ソノ険阻ヲ固メテ、ソノ表ニ営シ、コレニ委スニ利ヲモッテシ、コレヲ柔ラゲルニ害ヲモッテスベシ。コレ軍ヲ治メルノ道全シ。

――「治軍」

〈五間〉『孫子』によれば、五間とは次の五種類の間諜をいう。

①郷間――敵国の住民を使って情報をとる
②内間――敵国の役人を使って情報をとる
③反間――敵の間諜を手なずけ、こちらの間諜とする
④死間――死を覚悟の上で敵国に潜入する
⑤生間――敵国から生還し、報告をもたらす

11 勤務評定——すぐれた人物を登用し、低劣な人間を退ける

立派な政治を行うには、官吏の勤務評定を実施して、すぐれた人物を登用し、つまらぬ人間を閉め出さなければならない。

名君は、曇りのない目をもって、よく人物のよしあしを見分ける。その目は国中にゆきとどき、身分の低い地方官吏や庶民にいたるまで、見落としがなく、低劣な人間を退けて、すぐれた人物を登用する。したがって名君の下には人材が雲のように集まり、立派な政治が行われるのである。それというのも、官吏の勤務評定がきちんと行われるからだ。

官吏の勤務評定をきちんと行うためには、どんな官吏が人民に害を与えているかを知らなければならない。

では、人民に害を与える官吏とは、どのような官吏なのか。

1 役職をたてに私欲をはかり、権力を笠に着て悪事をはたらく小役人。彼らは、権力を握って人民に臨み、搾取をこととし、権力まで腐敗させる

2 法令の適用がでたらめで、重罪を見逃し軽罪に厳罰を科す役人。彼らにかかっては、罪なき者が罪に陥れられ、とどのつまり命まで奪われてしまう。彼らは、有力者には手かげんするが、相手が弱者だと見ると、ありもしない罪まででっちあげて、厳刑を加えようとする

3 悪事をかさねたあげく、それを訴えてきた者の口をふさいで証拠の湮滅(いんめつ)をはかる役人。彼らは告発者の命まで奪おうとするまことに悪辣(あくらつ)な連中だ

4 長官をロボットにして、そのかげで実権を握り、仲間うちにはなにくれとなく便宜をはかってやるが、気にくわない相手は徹底的に痛めつける役人。彼らは、初めから法令など眼中になく、さまざまな口実をもうけて税金を課し、次から次とダニのように食らいついて私腹を肥(こ)やす

5 功を立てようとあせる県役人。彼らは賞罰を手かげんして顔を売り、民間の商売にまで介入し、人民の仕事をとりあげてしまう

この五種類の役人は、人民に害を及ぼす連中であるから、即刻、免職にしなければならない。人材を登用するさいにも、このような連中は除外しなければならない。『書経』にも「位について三年たてば、治績があがり、無能な人間が退けられて有能な人間が登用される」とある。

×××××××××××××××××××××××××××××

考黜（コウチュツ）ノ政トハ、善ヲ遷（ウツ）シ悪ヲ黜（シリゾ）クルヲ謂ウ。明主上ニ在リ、心ハ天ヨリモ昭（アキ）ラカニシテ、善悪ヲ察知シ、広ク四海ニ及ビ、アエテ小国ノ臣ヲ遺（ノコ）サズ、下ハ庶人ニ及ビ、賢良ヲ進用シ、貪懦（タンダ）ヲ退ケ去リ、上下ヲ明良シ、国理ヲ企及（キキュウ）シ、衆賢雨集ス。コレ善ヲ勧メ悪ヲ黜クルユエンニシテ、コレヲ休咎（キュウキュウ）ニ陳ブ。

故ニ考黜ノ政ハ、人ノ苦シムトコロヲ知ルヲ務ム。ソノ苦シミニ五アリ。アルイハ小吏ノ公ニ因リテ私ヲナシ、権ニ乗ジテ姦ヲ作（ナ）シ、左手ニ戈（ホコ）ヲ執（ト）リ、右手ニ生ヲ治メ、内ハ官ヲ侵（オカ）シ、外ハ民ヨリ採（ト）ルアリ。コレ苦シムトコロノ一ナリ。アルイハ重キヲ過（ス）ギテ軽キヲ罰シ、法令均（ヒト）シカラズ、罪ナキニ辜（ツミ）セラレ、モッテ身ヲ滅ボスヲ致スアリ。アルイハ重罪ナルニ寛ヲ得、彊キヲ扶（タス）ケ弱キヲ抑（オサ）エ、加ウルニ厳刑ヲモッテシ、枉（マ）ゲテソノ情ヲ責ムルアリ。コレ苦シムトコロノ二ナリ。

アルイハ罪悪ヲ縦ニスルノ吏、告訴スルノ人ヲ害シ、語辞ヲ断絶シ、ソノ情ヲ蔽蔵シ、亡命ヲ掠劫シ、ソノ枉ナルコト常ナラザルアリ。コレ苦シムトコロノ三ナリ。アルイハ長吏数守宰ヲ易エ、兼佐シテ政ヲナシ、親シムトコロニ阿私シ、枉ゲテ恨ムトコロヲ剋シ、逼切シテ行ヲナシ、偏頗シテ法制ヲ承ケズ、因ヲ更エテ賦斂シ、傍ニ課シテ利ヲ採リ、故ヲ送リテ新ヲ待チ、夤縁シテ徴発シ、詐偽シテ儲備シ、モッテ家産ヲナスアリ。コレ苦シムトコロノ四ナリ。アルイハ県官功ヲ慕イ、賞罰ノ際、人ヲ利スルノ事、買売ノ費、裁量スルトコロヲ多クシ、ソノ価数ヲ専ニシ、民ソノ職ヲ失ウアリ。コレ苦シムトコロノ五ナリ。オヨソコノ五事ハ、民ノ五害ナリ。カクノゴトキアル者ハ黜ケザルベカラズ。コノ五ナキ者ハ遷サザルベカラズ。故ニ書ニ云ウ、「三載ニシテ績ヲ考エ、幽明ヲ黜陟ス」ト。

――「考黜」

12 信賞必罰——手柄を奨励し、法令違反を根絶する賞罰ルール

立派な政治を行うには、信賞必罰の方針をもって部下に臨まなければならない。なぜ賞をもうけるのか。手柄を奨励するためである。なぜ罰を加えるのか。法令違反を根絶するためである。

賞は公平に与えなければならない。罰はえこひいきなく適用しなければならない。賞がどんな場合に与えられるか周知せしむれば、勇者は死力を尽くすべき場所を知ることができる。罰がどんな場合に加えられるかを周知せしむれば、悪人はなすべからざる事柄を知ることができる。

賞は手柄のない者に与えてはならない。かりにもそんな人間に賞を与えれば、手柄を立てた人間の不満を買うことになる。罰は罪のない人物に加えてはならない。かりにもそういう人物に罰を加えれば、真面目に法令を守っている人間の恨みを買うこと

になる。羊のスープ一杯で国を失った例もあるし、楚王のように、讒言を信じて罪なき人物を殺したばかりに滅亡の瀬戸際に立たされた者もいるのである。

賞罰ノ政トハ、善ヲ賞シ悪ヲ罰スルヲ謂ウナリ。賞ハモッテ功ヲ興シ、罰ハモッテ姦ヲ禁ズ。賞ハ平ラカナラザルベカラズ。罰ハ均シカラザルベカラズ。賞賜ソノ施ストコロヲ知レバ、勇士ソノ死スルトコロヲ知ル。刑罰ソノ加ウルトコロヲ知レバ、邪悪ソノ畏ルルトコロヲ知ル。故ニ賞ハ虚シク施スベカラズ。罰ハ妄リニ加ウベカラズ。賞虚シク施サバ労臣怨ム。罰妄リニ加ウレバ直士恨ム。ココヲモッテ羊羹ニ均シカラザルノ害アリ、楚王ニ讒ヲ信ズルノ敗アリ。――「賞罰」

羊のスープ一杯

これは戦国時代の中山国王のことであろう。『戦国策』に次のようなエピソードが記されている。――ある日、中山の国王が国中の名士を招いて一席設けた。その席に、司馬子期という者がつらなっていたが、たまたま羊のスープが足りなくなって、彼のところまで回ってこなかった。これを根にもった司馬子期は、怒りにまかせて楚の国に逃亡し、楚王をけしかけて中山を攻撃させた。小国の中山はひとたまりもなく敗れ、王は国外に亡命した。のちに王は「わたしは一杯のスープで国を失った」と言って嘆いたという。

また、讒言を信じたばかりに滅亡の瀬戸際に立たされた楚王とは、春秋時代の平王(へいおう)(在位・前五二八〜前五一六年)のことである。『史記』によれば、話はこうである。——平王の太子を建(けん)と言った。太子建には侍従長の伍奢(ごしゃ)と副侍従長の費無忌(ひむき)の二人のお守(も)り役がついていた。費無忌はある事件がもとで太子にうとまれるようになった。将来、太子が即位すれば身の破滅を招くと考えた費無忌は、しきりに太子と伍奢の二人を平王に讒言した。太子は隣国に亡命したが、伍奢は長子ともども獄死した。

伍奢の次男を子胥(ししょ)と言った。子胥は危ういところで難を逃れ、隣国の呉に仕えて重くとりたてられた。そして十七年後、呉の精鋭を率いて楚に攻め入り、楚の都郢(えい)を陥れて平王の墓をあばき、父と兄の恨みを報いた。楚は、姦人の讒言を信じた平王のために、危うく滅亡の瀬戸際に立たされたのである。

13 国を存亡の危機に陥れる過ち——リーダーがやってはいけない5つのこと

将たる者は、部下に対して生殺与奪の権を握っている。それゆえ、次の過ちを犯さぬように心しなければならない。

1 罪あるものを見逃し、罪なき者を罪に陥れる
2 いわれなき怒りを爆発させる
3 賞罰の基準がでたらめである
4 命令をたえず変更する
5 公私を混同する

この五つの過ちは、国を危うくするもとである。なぜか。

賞罰の基準がでたらめなら、どんな命令を下しても、そのとおり実行される保証はないからである。

罪なき者を罪に陥れるなら、法を破る者が続出し、罪ある者を見逃すなら、兵卒の離散を招く。いわれなき怒りを爆発させるなら、威令の貫徹を期しがたい。賞罰の基準がでたらめなら、部下はあえて功を立てようとしない。たえず命令を変更するなら、法令を守らせることができない。公私を混同するなら、部下は二心を抱く。

その結果はどうなるか。法を破る者が続出すれば、国の存立すらおぼつかなくなる。兵卒が離散すれば、軍そのものが成り立たなくなる。将たる者の威令が貫徹しなければ、部下は敵を見ても戦意をもやさなくなる。部下が功を立てようとしなくなれば、将たる者は強力な支えを失ってしまう。法令が守られなくなれば、収拾のつかぬ混乱を招く。部下が二心を抱けば、国は滅亡寸前の瀬戸際に立たされる。

××××××××

ソレ将ハ専ラ生殺ノ威ヲ持ス。必ズ殺スベキヲ生カシ、必ズ生カスベキヲ殺シ、忿怒詳(ツマビラ)カナラズ、賞罰明ラカナラズ、教令常ナラズ、私ヲモッテ公トナス。コレ国ノ五危ナリ。賞罰明ラカナラザレバ、教令従ワレザルアリ。必ズ生カスベキヲ殺サバ、衆姦禁ジラレズ。必ズ殺スベキヲ生カサバ、士卒散亡ス。忿怒詳カナラザレバ、威武行ワレズ。賞罰明ラカナラザレバ、下、功ヲ勧メズ。政教当タラザレバ、法令従ワレズ。私ヲモッテ公トナサバ、人ニ二心アリ。故ニ衆姦禁ジラレザレバ、久シュウスベカラズ。士卒散亡スレバ、ソノ衆必ズ寡シ。威武行ワレザレバ、敵ヲ見テ起タズ。下、功ヲ勧メザレバ、上彊輔ナシ。法令従ワレザレバ、事乱レテ理マラズ。人ニ二心アラバ、ソノ国危殆ス。

——「賞罰」

14 賞罰のけじめ――王道は公平無私

将たる者が失態を招かないためには、どうすればよいか。

立派な政治を行って、法を破る者が現れないようにしなければならない。節倹に努めて奢侈に流れないようにしなければならない。忠直な人物を選んで、裁判官に任命することである。公平な人物を選んで、賞罰の権限を与えることである。

賞罰のけじめさえきちんとしていれば、部下は喜んで命令を守るようになる。

道には飢えた人々がゴロゴロしているのに、王の廏（うまや）には丸々と太った馬がつながれている。これでは、人民を虫ケラのように見なしていると言われても、いたしかたない。将たる者は、部下をこのように扱ってはならない。

まず賞罰の基準を明らかにし、功を立てた者には、その基準に応じて賞を与える。まず命令を下し、その命令に違反した者には罰を加える。こうすれば部下から心服され、畏れられながら愛されるようになり、命令するまでもなく実行されるようになる。これとは逆に、賞罰がでたらめであれば、忠臣が罪もないのに殺され、姦臣が功もないのに登用されるであろう。

功を立てれば、どんな憎い相手といえども賞賜を与える。斉の桓公が管仲を登用したのは、そのよい例である。

また、罪を犯せば、どんなに近い親族といえども罰を加える。周公があえて弟を殺したのは、そのよい例である。

『書経』に「偏するなく党するなく、王道蕩々たり。偏するなく党するなく、王道平々たり（王道は公平無私）」とあるのは、つまり、このことを言ったのだ。

◇◇◇◇◇◇◇◇◇◇◇◇◇◇◇◇

故ニ姦ヲ防グニハ政ヲモッテシ、奢ヲ救ウニハ倹ヲモッテシ、忠直ニハ獄ヲ理メシムベシ、廉平ニハ賞罰ヲ使ワシムベシ。賞罰曲ナラザレバ、人死服ス。路ニ饑人アリテ、廏ニ肥馬アルハ、人ヲ亡シテミズカラ存シ、人ヲ薄クシテミズカラ厚クスト謂ウベシ。故ニ人君、先ニ募リテ而ル後賞シ、先ニ令シテ而ル後誅スレバ、人親附シ、畏レテコレヲ愛シ、令セズシテ行ワル。賞罰正シカラザレバ、忠臣罪ナキニ死シ、而シテ邪臣功ナキニ起コル。賞賜、怨讎（エンシュウ）ヲ避ケザルハ、スナワチ斉桓、管仲ノ力ヲ得シナリ。誅罰、親戚ヲ避ケザルハ、スナワチ周公、弟ヲ殺スノ名アリ。書ニ云ウ、「偏スルナク党スルナク、王道蕩々タリ。党スルナク偏スルナク、王道平々タリ」。コレ、コレノ謂（イ）イナリ。

——「賞罰」

◇◇◇◇◇◇◇◇◇◇◇◇

斉の桓公

斉の桓公と管仲とはもともと仇敵同士の間柄だった。桓公（幼名小白（しょうはく））が兄の糾（きゅう）と王位継承権をめぐって骨肉の争いを演じたとき、管仲は糾側の軍師として桓公に弓を引いた男である。あるときなど、桓公は管仲の放った矢で、危うく命をおとしそうになったこともあった。ふつうなら殺してもあきたらない相手である。しかし、桓公は糾との後継者争いに勝って斉王の位についたとき、あえて管仲を宰相に登用して国政をまかせた。その結果、斉の国は見るまに強大となり、桓公は覇者として諸国に君臨したのである（『管子』、『史記』）。

周公

周公はおいの成王を輔佐して周王室の舵取りにあたった名宰相。周室の安泰のためには、反乱を企てた管叔、蔡叔ら弟たちの討伐をも辞さなかった（『史記』）。

臣下操縦法としての賞罰

儒家と対立する法家の人々は、臣下操縦法の決め手として賞罰を重視する。たとえば韓非は、こう語っている。「明君は、二つの柄を握るだけで、臣下を統率する。二つの柄とは、刑と徳である。刑徳とはなにか。刑とは罰を加えること、徳とは賞を与えることである。罰を畏れ賞をよろこぶのが臣下の常だ。君主がこの二つの柄を握っていれば、おどしたりすかしたりして、臣下を思いのままにあやつることができる」（『韓非子』二柄篇）。しかし、賞罰によって臣下の心をとらえるためには、あくまでも公平に適用するという前提が満たされなければならない。「忠を尽くし時に益する者は讎といえどもかならず賞す。法を犯し怠慢なる者は親といえどもかならず罰す」（『三国志』）と称された孔明は、その点でも立派な手本を示している。

15 命令違反——許されざる7種の罪

命令に違反する者は断固として処断しなければならない。

一口に命令違反と言っても、その内容によって、次の七種類に分類することができる。

1 軽んじる
2 慢る
3 盗む
4 欺く
5 背く
6 乱す

7　誤(あやま)らす

とくに軍においては、これらの命令違反を許してはならない。処断すべきを処断しないで放置しておけば、かならず禍(わざわい)を招く。だから将軍は、王からさずかった斧鉞(ふえつ)の権威にかけて、命令に従わない者を誅殺するのである。軍法の罰則規定には軽重の差があって、軽罪は戒告、重罪は厳罰に処すが、いずれにしても命令違反を見逃してはならない。違反者は断固として処断すべきである。

斬断(ザンダン)ノ政トハ、教令ニ従ワザルノ法ヲ謂ウナリ。ソノ法ニ七アリ。一ニ曰ク、軽(ケイ)。二ニ曰ク、慢(マン)。三ニ曰ク、盗(トウ)。四ニ曰ク、欺(ギ)。五ニ曰ク、背(ハイ)。六ニ曰ク、乱(ラン)。七ニ曰ク、誤(ゴ)。コレハ軍ヲ治ムルノ禁ナリ。

断ズベクシテ断ゼザレバ、必ズソノ乱ヲ受ク。故ニ斧鉞(フエツ)ノ威ヲ設ケ、モッテ令ニ従ワザル者ヲ待チテコレヲ誅ス。軍法等ヲ異ニシ、軽キヲ過(セ)メ重キヲ罰シ、令、犯スベカラズシテ、令ヲ犯ス者ハ斬ル。

――「斬断」

16 深謀遠慮——成功を夢見るなら失敗も考慮せよ

政治にあたる者は、まず身近なところに思いを致し、ついで遠い将来のことにまで対策を考えておかねばならない。そもそも遠いところまで見通して対策を考えておかないと、近いところで足をすくわれることになる。だから君子は上司の職分のことまで気を回さない。他人に口出しをするまえに、まず自分の職責を果たす。遠い将来の計を案ずるまえに、まず当面の問題に取り組むのである。

重大な問題はもともと解決がむずかしく、些細な問題は解決が容易である。しかし、いずれにせよ、問題を解決するためには一面的な態度で臨んではならない。つまり、利益を得ようとするなら、損害のほうも計算に入れておかなければならない。成功を夢見るなら、失敗したときのことも考慮に入れておく必要がある。

九重の台は、たしかに高くはあるが、土台をゆるがせにすればかならず壊れるのである。したがって、高きを仰ぐ者は下の土台を無視してはならない。それと同じように、前に進む者は、前方にばかり気をとられて、後方に注意することを怠ってはならない。いたずらに高きを仰ぎ、前方にばかり気をとられるならば、失敗を招くことは明白である。

例をあげよう。

1　秦の穆公が鄭を討ったとき、百里奚と蹇叔の二人の重臣が「古来、千里も先に遠征軍を送って勝利を収めた者はありませんぞ」と言って諫めた。が、穆公は聞かずに遠征軍を送り、結局、大敗を喫した

2　呉王夫差は越王句践を会稽山に追いつめたが、越王から美女宝器の賄を受けた重臣の口ききによって、句践にとどめをささずに兵を引いた。このとき参謀の伍子胥が「今句践にとどめをささなければあとでかならず後悔しますぞ」と言って諫めたが、夫差は聞きいれなかった。はたして夫差は、のちに、嘗胆して復讐を誓った句践のまえに敗れ去ったのである

3　晋が虢を討とうとして、隣国の虞に璧玉と駿馬を贈り、軍の領内通行の許可を求めてきた。虞の大臣の宮之奇が「虞と虢の関係は、唇と歯のようなもの。虢が滅ぼされれば虞も危険にさらされますぞ」と、虞王を諫めたが、虞王は聞きいれなかった。はたして晋は虢を滅ぼしたその帰路、軍を返して虞まで滅ぼして帰国した

4　宋の襄公は、小国でありながら、諸侯の盟王（覇者）になろうと大望を抱いた。それを知って、公子の目夷が「小国の分際で覇者になろうとするのは禍のもとですぞ」と諫めたが、襄公は聞かなかった。その結果、襄公は、楚との争覇戦に敗れ、そのとき受けた傷がもとで世を去った

以上あげた百里奚、蹇叔、伍子胥、宮之奇、目夷らは将来のことまで見通す「先見の明」があったと言わなければならない。

しかし、肝心の足もとがくずれていたのでは、将来のことを見通していても、なんにもならないのである。秦の始皇帝の覇業が、堯、舜の政治に遠く及ばない理由もそこにあった。

「危」は「安」から生ずる。「亡」は「存」から生ずる。「乱」は「治」から生ずる。君子は徴候を見ただけで、これから起こる出来事を察知し、始めを見ただけで終わりを知ることができる。だから不幸な事態を避けることができたのである。

◇◇◇◇◇◇◇◇◇◇◇◇◇◇◇◇◇◇◇◇◇◇◇◇◇◇◇◇◇◇◇◇◇◇

思慮ノ政トハ、近キヲ思イテ遠キヲ慮(オモンパカ)ルヲ謂ウナリ。ソレ人ニ遠キ慮リナケレバ、必ズ近キ憂イアリ。故ニ君子ハ思ウコトソノ位ヲ出デズ。思イトハ謀ヲ正スナリ。慮トハ事ノ計ヲ思ウナリ。ソノ位ニアラザレバソノ政ヲ謀(ハカ)ラズ。ソノ事ニアラザレバソノ計ヲ慮ラズ。大事ハ難(カタ)キヨリ起コリ、小事ハ易キヨリ起コル。故ニソノ利ヲ思ワント欲スレバ、必ズソノ害ヲ慮リ、ソノ成ルヲ思ワント欲スレバ、必ズソノ敗ルルヲ慮ル。ココヲモッテ九重ノ台ハ、高シトイエドモ必ズ壊(コボ)ツ。故ニ高キヲ仰グ者ハソノ下ヲ忽(ユルガセ)ニスベカラズ、前ヲ瞻(ミ)ル者ハソノ後ヲ忽ニスベカラズ。ココヲモッテ秦ノ穆公(ボクコウ)ハ鄭(テイ)ヲ伐チ、二子、ソノ害ヲ知ル。呉王ハ越女ヲ受ケテ、子胥(シショ)、ソノ敗ヲ知ル。虞(グ)ハ晋ノ璧馬ヲ受ケテ、宮之奇、ソノ害ヲ知ル。宋ノ襄公ハ兵車ヲ練(ネ)リテ、目夷(モクイ)、ソノ負クルヲ知ル。オヨソコノ智ハ、思慮ノ至リニシテ、明ト謂ウベキナリ。ソレヲ覆陳ノ軌ニ随イ、陥溺(カンデキ)ノ後ヲ追イテ、モッテソノ前ニ赴カントスルモ、ナンゾコレニ及ブアラン。故ニ秦ハ覇業ヲ承ケテ、堯・舜ノ道ニ及バズ。ソレ危ウキハ安キヨリ生ジ、亡ハ存ヨリ生ジ、乱ハ治ヨリ生ズ。君子ハ微(ホノカ)ナルヲ視テ著(アラワ)ルルヲ知リ、始メヲ見テ終ワリヲ知ル。禍、従イ起コルナシ。コレ思慮ノ政ナリ。
——「思慮」

◇◇◇◇◇◇◇◇◇◇◇◇

二面的思考法

目先のことばかりに気をとられて、将来の計を考えない。逆に将来のことにばかり思いをはせて、足もとを忘れている。いずれも一面的思考法であることを免れない。これに対し、両面から物事をトータルに把握するのが二面的思考法である。足もとを忘れない先見性と言っていいかもしれない。

毛沢東も一面的な見方を強くいましめている。

「問題を主観的、一面的、表面的に見る人に限って、どこへいっても周囲の情況をかえりみず、ことがらの全体を見ようとせず、ことがらの本質にはふれようともしないで、ひとりよがりに命令を下す。こういう人間がつまずかないはずがない」(『実践論』)。

「問題を研究するには、主観性、一面性および表面性をおびることは禁物である。

……一面性とは、問題を全面的に見ないことをいう。……あるいは、局部だけを見て全体を見ない、木だけを見て森を見ないともいえる。……孫子は軍事を論じて、〝彼を知り、おのれを知れば、百戦するも危うからず〟と言っている。彼が言っているのは、戦争する双方のことである。唐代の人、魏徴（ぎちょう）は〝兼（あわ）せ聴けば明るく、偏（かたよ）り信ずれば暗し〟と言っているが、やはり一面性の誤りであることがわかっていたのである。ところが、わが同志のなかには、問題を見る場合、とかく一面性をおびるものがあるが、こういう人は、しばしば痛い目にあう」（『矛盾論』）。

第4章

出師の表

名文に彩られた、孔明覚悟の「遺書」

古来、人間の歴史とともに数かぎりない戦争がくりかえされ、そのたびに、幾多の将帥が戦場に赴いて行った。彼らのなかには、おそらく、自らの決意表明を書きしるし、あるいは人に語っている者も少なくはないはずである。だが、それらのなかで、人びとの心を打つ点から言えば、諸葛孔明のこの「出師の表」が最右翼であろう。「出師の表」と言えば諸葛孔明、諸葛孔明と言えばこの「出師の表」が思い出されるほど、人口に膾炙してきたと言っても過言ではない。

その理由は「出師の表」じたいが名文であることもさることながら、なによりもまず劉備の遺詔を守ってその子の劉禅を輔け、「鞠躬尽力」（後・出師の表）した孔明の生きかたと、その心情が思いやられるからであろう。

ちなみに、「前・出師の表」は二二七年、「後・出師の表」は二二八年に、それぞれ劉禅に提出された。

前・出師の表

謹んで申しあげます。

先帝におかれましては、創業の志の半ばも達成されないまま、中道にしておかくれになりました。今、天下の情勢は、蜀(しょく)、魏(ぎ)、呉(ご)の三国が覇を競っておりますが、わが蜀の劣勢はおおうべくもありません。まことに危急存亡の秋(とき)であります。

しかしながら、朝廷では侍衛の臣が、戦場では忠義の士が、それぞれに粉骨砕身して、国威の発揚に努めております。それはひとえに、今は亡き先帝のご恩顧を、陛下にお返ししようと願っているからにほかなりません。どうか陛下におかれましても、広く臣下の意見に耳を傾け、先帝の遺徳を輝かし、志士の気持ちを奮いたたせていただきたい。みだりに自らを卑下し、言い逃れをこととして、臣下の諫言を退けることのなきよう願いあげます。

陛下は、政府と一体となって国政にあたらなければなりません。また、賞罰善悪の基準は公平に適用しなければなりません。もしかりに悪事を働いて罪を犯した者、忠を尽くして功績をあげた者があれば、すぐさま政府に命じて刑賞を明らかにし、陛下の公平無私な態度をお示しになるべきです。法の適用にあたって、えこひいきなどもってのほかのこと、いかなる人物に対しても、公平であらねばなりません。

先帝、業ヲ創メテイマダ半ナラザルニ中道ニシテ崩殂シタマエリ。今、天下三分シ、益州疲敝セリ。コレ誠ニ危急存亡ノ秋ナリ。然ルニ侍衛ノ臣、内ニ懈ラズ、忠志ノ士、身ヲ外ニ忘ルルハ、ケダシ先帝ノ殊遇ヲ追イテ、コレヲ陛下ニ報ゼント欲スレバナリ。誠ニヨロシク聖聴ヲ開帳シ、モッテ先帝ノ遺徳ヲ光カシ、志士ノ気ヲ恢弘スベシ。ヨロシク妄ニミズカラ菲薄シ、喩ヲ引キ義ヲ失イテ、モッテ忠諫ノ路ヲ塞グベカラズ。宮中府中ハ倶ニ一体タリ。陟罰臧否ハヨロシク異同アルベカラズ。モシ姦ヲ作シ科ヲ犯シ、及ビ忠善ヲナス者アラバ、ヨロシク有司ニ付シテソノ刑賞ヲ論ジ、モッテ陛下平明ノ理ヲ昭ラカニスベシ。ヨロシク偏私シテ、内外ヲシテ法ヲ異ニセシムベカラズ。

ところで、陛下の側近に仕える侍中の郭攸之（かくゆうし）、費禕（ひい）、侍郎の董允（とういん）、この三人の者は、いずれも忠誠の念にあつい、まっとうな人物であります。だからこそ、先帝は、数ある臣下のなかから選りすぐって、彼らを陛下の側近として残されたのです。どうか、宮中のことは、すべてこの三人の者におはかりのうえ実行に移してください。そうすれば、なに一つ間違いなどあろうはずはございません。

また、将軍の向寵（しょうちょう）は、篤実（とくじつ）にして公平な人柄、しかも軍事に精通しております。かつて先帝によって登用され、先帝がじきじきにその能力をお認めになった人物であります。それゆえ、このたび群臣こぞっての推薦によって、軍の長官に挙げられました。どうか、軍事に関することは、なにごとにつけ、この向寵にご相談ください。そうすれば、軍内に不和を生じることなど、あろうはずはございません。

前漢が興隆したのは、なぜでしょうか。ほかでもありません。賢臣を登用し、つまらぬ人物を遠ざけたからであります。一方、後漢が滅亡したのは、なぜでしょうか。ほかでもありません。つまらぬ人物を登用し、賢臣を遠ざけたからであります。先帝は、ご在世のみぎり、いつもこの問題を臣とともに論じ後漢の滅亡を招いた桓帝、霊帝の失政を痛憤なさいました。

幸いにして、今、陛下にお仕えする侍中、尚書、長史、参軍といった重臣は、いずれも貞節な人物でありまして、陛下のためとあれば、死をもいといません。どうか彼らに全幅の信頼をお寄せになられますように。そうすれば、わが国の興隆はまさに期して待つべきものがあります。

◇◇◇◇◇◇◇◇◇◇◇◇◇◇◇◇◇◇◇◇◇◇◇◇◇◇

侍中、侍郎郭攸之・費禕、董允等、コレミナ良実ニシテ、志慮忠純ナリ。ココヲモッテ先帝簡抜シテモッテ陛下ニ遺セリ。愚オモエラク宮中ノ事、事大小トナク、コトゴトクモッテコレニ咨イ、然ル後施行セバ、必ズヨク闕漏ヲ裨補シ、広益スルトコロアラン。将軍向寵ハ、性行淑均ニシテ、軍事ニ暁暢セリ。試ミニ昔日ニ用イラレ、先帝コレヲ称シテ能ト曰イタマエリ。ココヲモッテ衆議寵ヲ挙ゲテ督トナス。愚オモエラク営中ノ事、コトゴトクモッテコレニ咨ワバ、必ズヨク行陣ヲシテ和睦シ、優劣トコロヲ得シメン。賢臣ニ親シミ小人ヲ遠ザクルハ、コレ先漢ノ興隆セシユエンナリ。小人ニ親シミ賢臣ヲ遠ザクルハ、コレ後漢ノ傾

◇◇◇◇◇◇◇◇◇◇◇◇◇

頽セシユエンナリ。先帝在リシ時、毎ニ臣トコノ事ヲ論ジ、イマダカツテ桓・霊ニ歎息痛恨セズンバアラザリキ。侍中、尚書、長史、参軍、コレコトゴトク貞亮ニシテ節ニ死スルノ臣ナリ。願ワクハ陛下コレニ親シミコレヲ信ジナバ、漢室ノ隆ンナルコト、日ヲ計リテ待ツベキナリ。

〈郭攸之〉

『三国志』にはこの人物の伝はない。「董允伝」に「攸之の性はもとより和順にして、員に備うるのみ。献納の任は、允みなこれを専にす」とある。また、『三国志』の注に付されている『楚国先賢伝』には、「攸之、南陽の人、器業をもって名を時に知らる」とある。これで見ると、郭攸之は名工の評判をとった職人出身の人物で、穏和な性格を買われて侍中に抜擢されたが、ほとんど員数を満たしただけのことで、あまり重要な役割は果たさなかったらしい。

〈費禕〉

字は文偉。若いときから将来を嘱望された逸材で、劉禅の太子時代、その舎人（付人）にとりたてられ、禅の即位後、侍郎から侍中に進んだ。丞相の孔明に目をかけられ、かつてその命を受けて呉に使いしたとき、孫権はじめ並み居る群臣を相手に堂々の外交交渉を展開し、孫権から「蜀漢の将来を背負って立つのは、君をおいていない」と激賞された。孔明の死後、尚書令、大将軍として、蔣琬とともに蜀漢の国運を担ったが、二五三年、魏から下った者によって殺害された。

〈董允〉

字は休昭。劉備に仕えた将軍董和の子として生まれ、長じて費禕とともに太子禅の舎人となり、禅の即位後は侍郎、侍中となった。「色を正して主を匡す」(『三国志』)とあるように、たえず禅の側近として、その過ちを正した。孔明の死後、輔国将軍、尚書令を歴任したが、二四六年に世を去った。

〈向寵〉

劉備のとき将軍にとりたてられ、のち、近衛軍の司令官に任命されたが、孔明の死から六年後の二四〇年に死んだ。

臣は、もとはと言えば一介の平民にすぎません。南陽において自ら耕し、この乱世に生を全うすることのみを願い、諸侯に仕えて名をあらわそうなどとは考えもしませんでした。しかるに先帝は、身分卑しいこのわたくしに対し、わざわざ駕を枉げて、三度も草廬をおたずねになり、乱世に処する対策をご下問くださいました。臣は恐懼(きょうく)感激し、ついに先帝のために微力を尽くす覚悟を固めたのであります。そして間もなく、荊州(けいしゅう)で曹操のまえに敗れたとき、命を奉じて呉に使いしましたが、あのときからかぞえてはや二十一年にもなります。

先帝は、臣の謹み深いことを知っておられました。それゆえ、いまわのきわに、国家の大事を託されたのであります。臣は先帝の遺詔を受けていらい、昼となく夜となく、心の休まる日とてありませんでした。もし臣が付託にこたえることができなければ、それはとりもなおさず、先帝の明を傷つける結果になることを畏れたからであります。

そこでまず、去る五月、瀘水(ろすい)を渡って南方を平定し、後顧の憂いをたちました。そして、戦争準備も完了しました。今こそ、三軍を率いて、北のかた中原に打って出るときであります。かくなるうえは、愚鈍(ぐどん)の身に鞭うって悪人ばらをやっつけ、漢室を再興し、旧都長安を奪回する決意です。これこそまさに臣の務めでありまして、先帝の恩顧に報い、陛下に忠を尽くすゆえんにほかなりません。

また、国家の損益を勘案して陛下に適切な助言をするのは、郭攸之、費禕、董允らの職責であります。

どうか臣に対し、賊を討伐し漢室を再興する大事業の完遂をお命じください。もし臣が力及ばす責任を果たせなければ、臣の罪を責めて、その旨を先帝の霊にご報告ください。またもし、陛下に対する助言に手ぬかりがあれば、郭攸之、費褘、董允らの怠慢を責めて、その罪を明らかにしなければなりません。

畏れながら陛下におかせられても、なにとぞ臣下の諫言に耳を傾けて立派な政治を行い、先帝の遺詔を実現なさるようお努めください。

臣は久しく高恩に浴し、恐懼感激にたえません。今、遠く壮途につくにあたり、この一文をしたためながら、あらためて感涙にむせび、申しあげることばも思いつかぬ始末でございます。

◇◇◇◇◇◇◇◇◇◇◇◇◇

臣モト布衣、躬ラ南陽ニ耕シ、イヤシクモ性命ヲ乱世ニ全ウシ、聞達ヲ諸侯ニ求メズ。先帝、臣ノ卑鄙ナルヲモッテセズ、猥ニミズカラ枉屈シ、三タビ臣ヲ草廬ノ中ニ顧ミ、臣ニ諮ウニ当世ノ事ヲモッテシタマエリ。コレニ由リテ感激シ、遂ニ先帝ニ許ス駆馳ヲモッテセリ。後、傾覆ニ値イ、任ヲ敗軍ノ際ニ受ケ、命ヲ危難ノ間ニ奉ジ、爾来二十有一年ナリ。先帝、臣ノ謹慎ナルヲ知ル。故ニ崩ズルニ臨ミ臣ニ寄スルニ大事ヲモッテシタマエリ。命ヲ受ケテ以来、夙夜憂歎シテ、付託ノ効アラズ、モッテ先帝ノ明ヲ傷ツケンコトヲ恐ル。故ニ五月瀘ヲ渡リ、深ク不毛ニ入レリ。今、南方スデニ定マリ、兵甲スデニ足ル。マサニ三軍ヲ奨率シテ、北ノカタ中原ヲ定メン。コイネガワクハ、駑鈍ヲ竭クシ、姦凶ヲ攘除シ、漢室ヲ興復シテ、旧都ニ還ラシメン。コレ臣ノ先帝ニ報イ、陛下ニ忠ナルユエンノ職分ナリ。損益ヲ斟酌シ、進ミテ忠言ヲ尽クスニ至リテハ、スナワチ攸之・禕・允ノ任ナリ。願ワクハ陛下、臣ニ託スニ賊ヲ討チ興復スルノ効ヲモッテシ、効アラズンバ、臣ノ罪ヲ治メテ、モッテ先帝ノ霊ニ告ゲラレンコトヲ。モシ徳ヲ興スノ言ナクンバ、攸之・禕・允等ノ慢リヲ責メテ、モッテソノ咎ヲ彰ラカニセヨ。陛下マタヨロシクミズカラ謀リ、モッテ善道ヲ諮諏シ、雅言ヲ察納シ、深ク先帝ノ遺詔ヲ追ウベシ。臣、恩ヲ受ケテ感激ニ勝エズ。今、遠ク離ルルニ当タリ、表ニ臨ミテ涕零シ、言ウトコロヲ知ラズ。

後・出師の表

　今は亡き先帝におかれましては、漢・魏は両立せず、いやしくも王業を達成しようとするからには西辺の地に安閑としているべきではないとお考えになり、臣に魏の討伐を託されました。もとより先帝は、臣の才能のつたなさと、敵の強大なることをよく承知しておられました。しかし、今ここで魏討伐の兵を挙げなければ、王業は永久に達成されません。いたずらに手をこまねいて滅亡を待つよりは、討伐の兵を起こすほうがはるかにまさりましょう。それゆえに先帝は、かたく臣に魏討伐のことを託されたのであります。

　臣は先帝の遺詔を託されていらい、寝食を忘れて、ひたすらそのことのみを考えてまいりました。そこで、魏討伐の軍を起こすまえに、まず後方を固めるべきだと考え、すぐる五月、瀘水を渡って南に兵を進め、苦労のすえに蛮夷を平定し、後顧の憂いを断ちました。

臣もまた、いやしくも王業を口にするからには、西辺の蜀の地に逼塞(ひっそく)しているべきではないと考え、それゆえにこそ、あえて危険をおかして先帝の遺詔を実現しようと決意しております。ところが、一部の者は、今兵を起こすのは上計にあらずといって反対しております。はたしてそうでしょうか。

魏は近ごろ西に東に兵を動かし、連戦に疲れております。兵法にも、敵の疲れに乗ぜよ、とあります。今こそ絶好の機会と申さねばなりません。

◇◇◇◇◇◇◇◇◇◇◇◇◇◇◇◇◇◇◇◇◇◇

先帝、漢・賊ノ両立セズ、王業ノ偏安(ヘンアン)セザルヲ慮(オモンパカ)リ、故ニ臣ニ託スニ賊ヲ討ツヲモッテセリ。先帝ノ明ヲモッテ、臣ノ才ヲ量(ハカ)ルニ、モトヨリ臣ノ賊ヲ伐(ウ)ツニ才弱ク敵ノ彊キヲ知ル。然レドモ賊ヲ伐(ウ)タザレバ、王業モマタ亡(ホロ)ブ。タダ坐シテ亡ビルヲ待ツハ、コレヲ伐ツニイズレゾヤ。コノ故ニ臣ニ託シテ疑ワザルナリ。臣、命ヲ受クルノ日、寝(イ)ヌレドモ席ニ安ンゼズ。食セドモ味ヲ甘シトセズ。北征ヲ思惟(シイ)スルニ、ヨロシク先(マ)ズ南ニ入ルベシト。故ニ五月瀘(ロ)ヲ渡リテ、深ク不毛ニ入リ、幷日(ヘイジツ)ニシテ食ス。臣、ミズカラ惜シマザルニアラザルナリ。王業ハ蜀都ニ偏全スルヲ得ザルヲ顧ミ、故ニ危難ヲ冒シテモッテ先帝ノ遺意ニ奉ズルナリ。而ルニ議スル者謂(イ)イテ計ニアラズトナス。今、賊タマタマ西ニ疲レ、マタ東ニ務ム。兵法ハ労ニ乗ズ。コレ進趨(シンスウ)ノ時ナリ。

次に、その理由を述べてみましょう。

1　漢の高祖はこのうえなく英邁(えいまい)であり、それを輔佐した謀臣たちもいずれ劣らぬ智謀の持ち主でありました。その高祖ですら、自ら危険をおかし、敵の矢だまを身に受けながら、ようやくのことで天下を平定することができたのであります。ところが陛下は高祖に及ばず、謀臣もまた張良(ちょうりょう)、陳平(ちんぺい)に及びません。それなのに、積極的に動こうともせず、じっと坐ったまま天下を平定しようとなさいます。これは、どだい、不可能なことだと言わざるをえません。

2　劉繇(りゅうよう)、王朗(おうろう)はそれぞれに長官として州郡をあずかりながら、ともすれば空理空論をもてあそんで有効適切な対策をこうぜず、まるで戦う意思を示しませんでした。その結果、やすやすと孫策(そんさく)に江東の領有を許しました。この二人の態度も、臣にはまったく理解できません。

3 曹操は人並みすぐれた智謀の持ち主で、その用兵ぶりは孫子や呉子もかくやと思わせるものがあります。その曹操ですら、かつて南陽、烏巣、祁連で苦戦し、黎陽で追いつめられ、北山、潼関ではあやうく敗戦の憂き目にあい、そのあげく、ようやくのことで一時的に天下を手中におさめているにすぎません。曹操ですらかくのごときありさま、まして才能とぼしい臣のごときはそれ以上の危難を覚悟しなければなりますまい。危険をおかさずして天下を平定することなど、まったく不可能なことであります。

4 曹操は五たび昌覇を攻め、五たび巣湖を越えて呉を攻めましたが、いずれも成功しませんでした。また、李服を任用して裏切られ、夏侯淵を軍司令官に起用して敗戦を招きました。先帝はいつも「曹操はえらい奴じゃ」とおおせになっておられましたが、その曹操にしてなおかつこのような失敗があるのです。まして愚かな臣のごときは、戦いにのぞんで、いつもかならず勝てるとはかぎりません。なにとぞお察しください。

5 漢中に兵を進めて三年目を迎えたばかりですが、この間すでに、趙雲、陽群、馬玉、閻芝、丁立、白寿、劉郃、鄧銅以下、部隊長七十余人、一騎当千の騎馬武者一千余騎を失いました。彼らはいずれも各州から選りすぐり、数十年間にわたってきたえあげた精鋭であります。今かりにこのままの状態で持久戦に訴えれば、おそらく数年のあいだに将兵の三分の二を失ってしまいましょう。そうなれば、もはや敵に立ち向かうことができなくなってしまいます。これまた臣には理解しがたいところであります。

6

連年の戦いで、人民も兵士も疲れております。しかしながら、この戦い、中途で投げ出すことは許されません。とすれば、進攻を中止しても続行しても、国庫の負担は同じであります。それなのに、今になって討伐をあきらめ、わずか一州にすぎない蜀をもって、われに数倍する魏に持久戦を挑もうとなさる。これでは、じり貧に陥ることは明らかではありませんか。これまた臣には理解しがたいところであります。

謹(ツツシ)ンデソノ事ヲ陳(ノ)ブレバ左ノゴトシ。高帝ハ明(メイ)ナルコト日月ニ並ビ、謀臣淵深ナリ。然レドモ険ヲ渉(ワタ)リ創ヲ被(コウム)リ、危ウクシテ然ル後安シ。今、陛下イマダ高帝ニ及バズ。謀臣良・平ニ如(シ)カズ。而(シカ)ルニ長計ヲモッテ勝チヲ取リ、坐(イ)ナガラニシテ天下ヲ定メント欲ス。コレ臣ノ解セザルノ一ナリ。劉繇・王朗オノオノ州郡ニ拠リ、安キヲ論ジ計ヲ言イ、動モスレバ聖人ヲ引キ、群疑腹ニ満チ、衆難胸ヲ塞グ。今歳戦ワズ、明年征セズ、孫策ヲシテ坐ナガラ大ニ、遂ニ江東ヲ并セシム。コレ臣ノ解セザルノ二ナリ。曹操ハ智計人ニ殊絶シ、ソノ兵ヲ用ウルヤ、孫・呉ニ髣髴ス。然レドモ南陽ニ困シミ、烏巣ニ険クシテ、祁連ニ危ウク、黎陽ニ偪ラレ、幾ド北山ニ敗レ、殆ンド潼関ニ死シ、然ル後一時ヲ偽定スルノミ。イワンヤ臣ノ才弱キヲヤ。而シテ危ウカラザルヲモッテコレヲ定メント欲ス。コレ臣ノ解セザルノ三ナリ。曹操ハ五タビ昌覇ヲ攻メテ下サズ、四タビ巣湖ヲ越エテ成ラズ。李服ヲ任用シテ李服コレヲ図リ、夏侯ニ委ネテ夏侯敗亡ス。先帝毎ニ操ヲ称シテ能トナスモ、ナオコノ失アリ。イワンヤ臣ノ駑下ナルニオイテヲヤ。ナンゾヨク必ズ勝タンヤ。コレ臣ノ解セザルノ四ナリ。臣ノ漢中ニ到リシヨリ、中間朞年ノミ。然ルニ趙雲・陽群・馬玉・閻芝・丁立・白寿・劉郃・鄧銅等、及ビ曲長屯将七十余人、突将、無前、賓叟、青羌、散騎、武騎一千余人ヲ喪エリ。コレミナ数十年ノ内ニ糾合セル四方ノ精鋭ニシテ、一州ノ有スルトコロニアラズ。モシマタ数年ナラバ、三分ノ二ヲ損ズルナリ。マサニ何ヲモッテ敵ヲ図ルベキヤ。コレ臣ノ解セザルノ五ナリ。今、民窮シ兵疲ル。而モ事息ムベカラズ。事息ムベカラザレバ、住マルト行クト、労費スルコトマサニ等シ。而シテ今ニ及ビテコレヲ図ラズ、一州ノ地ヲモッテ賊ト持久セント欲ス。コレ臣ノ解セザルノ六ナリ。

◇◇◇◇◇◇◇◇◇

〈張良〉

字は子房。漢の高祖の功臣。秦に滅ぼされた韓の国の王族で、そのあだを報いるため、刺客をやとって始皇帝を襲撃したが失敗して民間にかくれ、黄石老人という者から「太公兵法」をさずかったといわれる。のち、漢の高祖劉邦に仕え、縦横の政治的戦略的手腕を発揮し、漢の勝利に貢献した。漢王朝の成立後は創業の功臣として重きをなした。

〈陳平〉

漢初の功臣。貧しい農民の子として生まれ、秦末の動乱にさいし、初め魏王咎、ついで項羽に仕えたが、芽が出なかった。が、最後に仕えた漢の高祖劉邦に目をかけられ、得意の智略にものをいわせて、「六たび奇計を出し、六たび危難を救った」といわれる。高祖の死後、呂后専制時代に丞相を務め、呂后の死後呂氏一族を誅殺して王室を安泰ならしめ、「賢宰相」と称された。

〈劉繇〉揚州の刺史（長官）。一九五年（漢の興平二年）、孫策に撃破され、彼に江南の領有を許すきっかけをつくった。

〈王朗〉会稽の太守（長官）。一九六年（漢の建安元年）、孫策の軍に撃破された。

〈孫策〉父、孫堅の死後、江東の地を略定して自立。その死後、弟の孫権が後を継いで呉を建国した。

〈李服〉二〇〇年（漢の建安五年）、董承らとともに曹操の殺害を企て、事が露顕して誅殺された王服のことを指すらしい。

〈夏侯淵〉曹操に仕えた将軍。征西将軍として漢中を守ったが、二一九年、劉備軍に破れ斬殺された。

〈趙雲〉字は子龍。はじめ後漢末の群雄の一人王孫瓚に属していたが、のち劉備に仕えた。豪勇で、知略に富み、二〇八年、劉備が曹操に撃破され、長坂で妻子を捨てて逃れたとき、よくこれを救け出して、難を逃れさせた。巴蜀平定にも功をたて、翊軍将軍、鎮東将軍を歴任した。のち、孔明の第一次北征（二二八年）に従軍し、斜谷から打って出て陽動作戦を展開したが、魏軍の反撃にあって敗退した。が、寡兵ながらよく戦い、大敗に至らしめなかった。その一年後の二二九年に没した。孔明の死に先だつこと五年である。

これから先、どのような事態にたちいたるか予測がつきません。

かつて先帝が楚の地で曹操に敗れたとき、曹操は「これで天下を平定することができる」といって大喜びしたということです。しかし先帝はあの敗戦にも屈せず、のちに呉と手を結び、西の巴蜀の地を攻略し、さらに北征の兵を起こして魏将夏侯淵の首級をあげました。これは明らかに曹操の失敗でありまして、わが漢にとっては、まさに天下統一の日の近きを思わせるものがありました。しかし、事は思いどおりにははこびません。その後、呉との同盟関係がこわれ、荊州で関羽が敗死し、ついに曹丕の帝位簒奪を許してしまいました。このことからも明らかなように、将来の事態を予測することはまことに困難であります。

臣はひたすら死力を尽くし、天下統一の実現に向かって粉骨砕身する覚悟であります。その結果については、あえて、言及することをひかえたいと思います。

ソレ平ラゲガタキモノハ事ナリ。ムカシ、先帝、楚ニオイテ軍ガ敗ルル。コノ時ニ当タリ、曹操手ヲ拊チ、天下モッテ定マルト謂ウ。然ル後、先帝ハ東ノカタ呉・越ヲ連ネ、西ノカタ巴・蜀ヲ取リ、兵ヲ挙ゲテ北征シ、夏侯首ヲ授ケタリ。コレ操ノ失計ニシテ漢ノ事マサニ成ルナリ。然ル後、呉サラニ盟ニ違イ、関羽毀敗シ、秭帰蹉跌シ、曹丕帝ヲ称ス。オヨソ事カクノゴトク、逆メ見ルベキコト難シ。臣、鞠躬尽力シテ、死シテ後已ム。成敗利鈍ニ至リテハ、臣ノ明ノヨク逆メ観ルトコロニアラザルナリ。

〈曹丕〉曹操の長子。魏の文帝（在位・二二〇～二二六年）である。後漢最後の皇帝である献帝の譲りを受けて魏王朝を興した。これは、中国史上初めての禅譲形式による王朝革命であるといわれている。曹丕は、父曹操、弟曹植（これを「三曹」と呼ぶ）とともに文学にもすぐれた才能を示し、『典論』五巻を著した。二二六年に病死し、子の明帝（在位・二二七～二三九）が後を継いだ。

（了）

諸葛孔明関連年表

西暦	年号	事項
一六八	建寧 一	霊帝即位。
一八一	光和 四	琅邪郡陽都県にて孔明誕生(名は亮)。
一八四	中平 一	張角、挙兵し、黄巾の乱が起きる。
一八九	六	霊帝没する。董卓、少帝を廃し、献帝を擁立。曹操、陳留で挙兵。
一九〇	初平 一	董卓、少帝を殺し、献帝を洛陽から長安に移す。
一九一	二	袁紹、公孫瓚を破り、冀州を取る。**【界橋の戦い】**
		曹操、東郡の太守となる。
一九二	三	呂布、董卓を殺す。孫堅、暗殺され、孫策が後を継ぐ。
一九三	四	曹操、徐州の牧・陶謙を攻め、領民一万を殺す。
一九四	興平 一	曹操、ふたたび徐州を攻撃。助けを求められた劉備、陶謙没後、徐州の牧となる。
		曹操が徐州遠征中、本拠地の兗州で呂布・張邈らが反乱。**【兗州争奪戦】**
		孫策、江東に帰り、周瑜を幕下に加える。
一九五	二	曹操、定陶と鉅鹿で呂布を破る。呂布、劉備を頼る。曹操、兗州の牧となる。
一九六	建安 一	曹操、献帝を洛陽に迎える。許を都とし、献帝を許に移す。
		劉備、呂布に徐州を奪われ、曹操のもとに身を寄せる。
一九七	二	このころ孔明、弟の均とともに襄陽郊外の隆中に移り、晴耕雨読の生活に入る。
一九八	三	曹操、袁術を討ち、下邳で呂布を殺す。劉備、献帝に拝謁、左将軍に任じられる。
一九九	四	公孫瓚、袁紹に囲まれ自害。劉備、曹操より下邳を奪回する。
二〇〇	五	曹操、ふたたび下邳を奪い、劉備は袁紹を頼る。

		曹操、白馬で袁紹軍を破る。【白馬の戦い】
		袁紹、白馬の敗報を聞き、曹操軍を追撃するが、迎撃される。【延津の戦い】
		孫策が没し、孫権が後を継ぐ。
		曹操、烏巣で袁紹軍の糧秣を焼く。袁紹軍は瓦解し、冀州に退却。【官渡の戦い】
二〇一	六	劉備、汝南で曹操に敗れ、荊州の劉表を頼る。
二〇二	七	袁紹没する。
二〇四	九	曹操、袁尚を破り河北を平定し、鄴を都とする。
二〇五	一〇	曹操、青州を平定。
二〇七	一二	曹操、烏桓を討つ。劉備、「三顧の礼」で諸葛孔明を迎える。劉禅が生まれる。
二〇八	一三	曹操、丞相となり、荊州征伐の軍を起こし、劉備一行を追撃。【長坂の戦い】
		劉備・孫堅、赤壁で曹操を破り、曹操の全国統一の野望を挫く。【赤壁の戦い】
		司馬仲達(字は懿)、曹操に仕える。
二〇九	一四	劉備、荊州の牧となる。劉備、孫権の妹を妻に迎える。孔明、軍師中郎将に任命される。
		臨烝に移り、零陵、桂陽、長沙三郡の統治にあたる。
二一〇	一五	劉備、孫権と荊州を争う。周瑜没する。
二一一	一六	劉備、劉璋に迎えられ益州に入る。
二一二	一七	荀彧没する。
二一三	一八	曹操、魏公となる。
二一四	一九	劉備、成都に入城し、益州牧となる。龐統、蜀の落鳳坡で戦没。
		孔明、軍師将軍に任命され、左将軍府を統括する。
二一五	二〇	劉備と孫権、荊州を分割所有する。

西暦	年号	事項
二一六	二一	曹操、魏王となる。劉備と漢中を争う。
二一七	二二	魯粛没する。
二一九	二四	劉備、漢中王になる。関羽、呂蒙の策により捕らえられ、斬首される。呂蒙没する。
二二〇	黄初 一	曹操没し、武帝と諡（おくりな）される。曹丕、後漢の献帝を廃して魏を建国し、文帝となる。

魏

西暦	年号	事項
二二一	黄初 二	曹丕、洛陽に遷都。

黄忠・法正、没する。
劉備、漢の皇統を継ぎ、昭烈帝となる。孫権、呉王となる。

蜀

西暦	年号	事項
二二一	章武 一	孔明、丞相となる。 劉備、孫権討伐の兵を起こす。 張飛、暗殺される。
二二二	二	劉備、呉に出兵。 陸遜に大敗し、白帝城に逃げ込む。 **【夷陵の戦い】** 馬超没する。
二二三	建興 一	劉備没する。 劉禅、即位する。（後主）
二二五	三	孔明、南中を平定。

呉

西暦	年号	事項
二二二	黄武 一	孫権、呉を建国。

二二六	七	曹丕没。曹叡即位し、明帝となる。				
二二七			五	孔明、禅に「出師の表」を上す。漢中に出兵。		
二二八	太和二	司馬仲達、新城で孟達を斬る。	六	孔明、第一次北伐。祁山に進出するが、馬謖が命令に背き大敗する。**【街亭の戦い】**第二次北伐。	黄武七	陸遜、魏軍に大勝。**【石亭の戦い】**
二二九			七	第三次北伐。趙雲没する。	黄龍一	孫権即位し、建業に遷都する。
二三〇	四	仲達、漢中に出兵。				
二三一	五	仲達、孔明に大敗する。曹真没する。	九	第四次北伐。孔明、祁山を攻撃。張郃を破る。		
二三四	青龍二	仲達、五丈原において孔明と対峙する。**【五丈原の戦い】**	十二	第五次北伐。孔明、五丈原で陣没。		
二三九	景初三	曹叡没し、曹芳即位。倭の卑弥呼、遣使。	延熙二	蔣琬、大司馬となる。		
二四一					赤烏四	諸葛瑾没する。

二四五					八	陸遜没する。
二四六			九	蔣琬没する。		
二四九	嘉平一	仲達、クーデターを起こし、曹爽一派を粛清。実権を握り、丞相となる。				
二五一	三	仲達没。司馬師が後を継ぐ。				
二五二	四	司馬師、大将軍となる。			建興一	孫権没し、孫亮即位。
二五三			一六	費褘、暗殺される。姜維、出撃して南安を包囲するが、落とせずに撤退。	二	諸葛恪、大軍を率いて魏討伐に向かうが、大敗する。諸葛恪、孫峻に暗殺される。
二五四	正元一	司馬師、曹芳を廃し、曹髦を擁立。				
二五五	二	毌丘倹・文欽、司馬師の専制に反乱を起こすが、鎮圧される。司馬師没し、司馬昭が後を継ぐ。				
二五七	甘露二	諸葛誕、司馬昭に反乱を起こす。				

西暦	年号	事項	年号	事項	年号	事項
二五八	三	司馬昭、諸葛誕を殺す。			永安 一	孫綝、孫亮を廃し、孫休を立てる。
二六〇	景元 一	曹髦、司馬昭の誅殺を謀るが、逆に殺される。曹奐即位。				
二六二			景耀 五	姜維、侯和に出撃するが敗退する。		
二六三	四	鍾会・鄧艾、蜀に侵攻し、成都入城。	炎興 一	劉禅降伏し、蜀滅亡する。		
二六四	咸熙 一	司馬昭、晋王となる。姜維没する。			元興 一	孫休没し、孫皓即位。
二六五	泰始 一	司馬昭没し、司馬炎が帝位につき西晋を建国。魏滅亡。				
	晋					
二七一	泰始 七	劉禅没する。				
二七九	咸寧 五	晋の大軍、六方面より呉に侵攻。				
二八〇	太康 一	呉を滅ぼす。天下を統一し、三国時代終わる。			天紀 四	建業陥落。孫皓降伏し、呉滅亡。
二八三	四	孫皓没する。				

本書は、徳間書店より刊行された同名の単行本を、
文庫収録にあたり加筆・改筆・再編集したものです。

守屋　洋（もりや・ひろし）

中国文学者。SBI大学院教授。1932年、宮城県生まれ。1960年、東京都立大学中国文学科修士課程修了。

主な著訳書に『孫子の兵法』『兵法三十六計』（以上、三笠書房《知的生きかた文庫》）、『「老子」の人間学』（プレジデント社）、『中国古典の名言録』（東洋経済新報社）、『リーダーのための中国古典』（日本経済新聞出版社）、『［決定版］菜根譚』（PHP研究所）、『黄昏三国志』（KADOKAWA）、『ピンチこそチャンス』（小学館）、『世界最高の処世術　菜根譚』（SBクリエイティブ）など多数ある。

知的生きかた文庫

諸葛孔明の兵法

訳・編著者　守屋　洋

発行者　押鐘太陽

発行所　株式会社三笠書房

〒一〇二-〇〇七二　東京都千代田区飯田橋三-三-一

電話〇三-五二二六-五七三四〈営業部〉

〇三-五二二六-五七三一〈編集部〉

https://www.mikasashobo.co.jp

印刷　誠宏印刷

製本　若林製本工場

ISBN978-4-8379-8838-0 C0130

C20045